老旧小区户外空间改造

李若冰　张翠娜　石开明　阴雨夫　常志玉　编著

中国建筑工业出版社

图书在版编目（CIP）数据

老旧小区户外空间改造 / 李若冰等编著. -- 北京 ：中国建筑工业出版社，2024. 8. -- ISBN 978-7-112-30250-5

Ⅰ. TU984.12

中国国家版本馆 CIP 数据核字第 20241TD364 号

本书共分为三篇：理论篇、技术篇、实践篇。理论篇介绍了老旧小区改造研究的新进展，介绍了近年研究的趋势特征，分析了相关研究内容，通过实地调研了解到老旧小区户外空间与户外相关活动，根据调研情况和实际需求，提出老旧小区户外空间改造策略；技术篇介绍了老旧小区改造设计导则；实践篇则列举了基础、完善、提升三类小区中的改造实例。

本书配有大量图片可以直观地让读者了解老旧小区的改造方法，本书的出版丰富了老旧小区改造的相关研究设计内容，同时促进了更多地市老旧小区的改造。

责任编辑：吕　娜　聂　伟　刘平平

文字编辑：么　曦

责任校对：赵　力

老旧小区户外空间改造

李若冰　张翠娜　石开明　阴雨夫　常志玉　编著

*

中国建筑工业出版社出版、发行（北京海淀三里河路 9 号）

各地新华书店、建筑书店经销

北京科地亚盟排版公司制版

建工社（河北）印刷有限公司印刷

*

开本：787 毫米×1092 毫米　1/16　印张：9¼　字数：219 千字

2024 年 8 月第一版　　2024 年 8 月第一次印刷

定价：**48.00** 元

ISBN 978-7-112-30250-5

（43003）

前言

老旧小区普遍建成年代较早，失养失修失管，市政配套设施不完善，社区服务设施不健全，水电气热等管线老化的问题较为严峻，部分老旧小区已无法满足居民的生活需要，给居民生活带来极大不便。解决群众急难愁盼问题，推进城镇化老旧小区改造已成为群众最切实的民生需求。老旧小区改造是让老百姓直接受益的重大民生工程和发展工程，也是城市发展中的一道重要课题。

近年来，住房和城乡建设部等多个部门联合印发了推进老旧小区改造的多项文件，力求建设安全健康、设施完善、管理有序的完整小区。

本书则以相关政策文件为依托，研究了老旧小区改造的相关理论内容、技术方法，最后落实到具体的老旧小区改造。

目 录

第一篇 理论篇

第 1 章 老旧小区改造研究的新进展 …… 2
1.1 近年研究的趋势特征 …… 2
1.1.1 研究热点与研究期刊 …… 2
1.1.2 研究机构与研究作者 …… 7
1.2 相关研究内容分析 …… 8
1.2.1 改造策略研究 …… 8
1.2.2 改造评估研究 …… 10
1.2.3 适老化研究 …… 11
1.2.4 户外空间研究 …… 13
第 2 章 老旧小区户外空间与户外活动 …… 15
2.1 老旧小区户外空间 …… 15
2.1.1 实地调研 …… 15
2.1.2 存在问题 …… 16
2.1.3 空间与活动分析 …… 19
2.2 特殊群体户外活动与空间 …… 21
2.2.1 儿童群体 …… 22
2.2.2 老人群体 …… 23
2.2.3 健康较差群体 …… 27
2.2.4 低收入群体 …… 29
第 3 章 老旧小区户外空间改造策略 …… 32
3.1 场地空间改造 …… 32
3.1.1 人性化场地设计 …… 32
3.1.2 节约性场地设计 …… 34
3.1.3 改造设计实例 …… 37

3.2 老旧小区景观空间改造 …… 40
3.2.1 居民生活与景观更新 …… 40
3.2.2 景观空间改造实例 …… 42
3.2.3 景观空间改造路径 …… 42
3.3 个性空间改造 …… 45
3.3.1 儿童群体空间 …… 45
3.3.2 老年群体空间 …… 48
3.3.3 健康较差群体空间 …… 52
3.3.4 低收入群体空间 …… 54
3.4 公共艺术参与改造 …… 55
3.4.1 公共艺术概念与形式 …… 55
3.4.2 公共艺术实践现状 …… 56
3.4.3 公共艺术作用与存在问题 …… 57
3.4.4 公共艺术促进城市更新的策略 …… 58

第二篇 技术篇

第4章 老旧小区改造指导思想 …… 64
4.1 老旧小区改造背景 …… 64
4.1.1 老旧小区改造指导思想 …… 65
4.1.2 社区建设治理政策 …… 67
4.2 愿景目标与工作路径 …… 69
4.2.1 愿景目标 …… 69
4.2.2 工作路径 …… 69
第5章 老旧小区改造设计导则 …… 70
5.1 基础管线 …… 70
5.1.1 建筑周边管线整治 …… 70
5.1.2 统筹管线改造 …… 70
5.1.3 管沟开槽与铺设 …… 74
5.2 道路停车 …… 76
5.2.1 路面改造 …… 76
5.2.2 停车规划 …… 78
5.2.3 消防通道 …… 78
5.2.4 无障碍通行 …… 79
5.3 公共设施 …… 80
5.3.1 公共服务设施 …… 80

5.3.2 场地设施 …… 80

第三篇 实践篇

第6章 基础类改造 …… 84
6.1 地质小区 …… 84
6.1.1 基本情况 …… 84
6.1.2 改造方案 …… 85
6.2 干警小区 …… 97
6.2.1 基本情况 …… 97
6.2.2 改造方案 …… 98
6.3 火电小区 …… 107
6.3.1 基本情况 …… 107
6.3.2 改造方案 …… 108
第7章 完善类改造 …… 117
7.1 水源小区 …… 117
7.1.1 基本情况 …… 117
7.1.2 改造方案 …… 117
7.2 晓云北小区 …… 121
7.2.1 基本情况 …… 121
7.2.2 改造方案 …… 121
第8章 提升类改造 …… 123
8.1 发电北小区 …… 123
8.1.1 基本情况 …… 123
8.1.2 改造方案 …… 124
8.2 东方花园小区 …… 131
8.2.1 基本情况 …… 131
8.2.2 改造方案 …… 131
参考文献 …… 135
后记 …… 141

第一篇 理 论 篇

第1章

老旧小区改造研究的新进展

近年来，老旧小区改造成为新型城镇化背景下，我国城市更新工作的重要组成部分。随着国家《关于做好 2019 年老旧小区改造工作的通知》和《关于全面推进城镇老旧小区改造工作的指导意见》等相关政策出台，我国老旧小区改造工作得到全面推进。然而，近年来我国老旧小区改造方面的相关研究现状和研究进展却未得到相应的梳理和总结，这给老旧小区学术研究和实践工作的下一步开展带来困惑。

2020 年国务院办公厅发布《关于全面推进城镇老旧小区改造工作的指导意见》指出按照高质量发展要求，大力改造提升城镇老旧小区，提高居民居住条件，推动构建"纵向到底、横向到边、共建共治共享"的社区治理体系，让人民群众生活更方便、更舒心、更美好。为满足居民生活便利需要和改善型生活需求的内容，主要是环境及配套设施改造建设、小区内建筑节能改造、有条件的楼栋加装电梯等。其中，改造建设环境及配套设施包括拆除违法建设，整治小区及周边绿化、照明等环境，改造或建设小区及周边适老设施、无障碍设施、停车库（场）、电动自行车及汽车充电设施、智能快件箱、智能信包箱、文化休闲设施、体育活动设施、物业用房等配套设施。改造或建设小区及周边的社区综合服务设施、卫生服务站等公共卫生设施、幼儿园等教育设施、周界防护等智能感知设施，以及养老、托育、助餐、家政保洁、便民市场、便利店、邮政快递末端综合服务站等社区专项服务设施。

本章通过文献计量方法对中国知网数据进行统计，分析出近年我国老旧小区改造研究中的关键词、研究热点、研究机构等方面内容，以期望揭示我国老旧小区改造的研究现状和研究趋势，并为老旧小区改造的相关研究和实际工作提供指导。

1.1 近年研究的趋势特征

1.1.1 研究热点与研究期刊

高频率的关键词反映了该研究领域的热点和核心，由图 1-1 关键词可视化图谱可以看出老旧小区改造处于中心位置且字体突出，由可视化文献分析软件分析得到此词汇的出现次数高达 1280 频次，可见老旧小区改造是此项研究的核心，除此之外，“老旧小区”（689 次）、“城市更新”（257 次）、“改造”（113 次）也是老旧小区改造的主要研究热点。以上表明我国老旧小区改造与城市更新和改造是密切相关的。

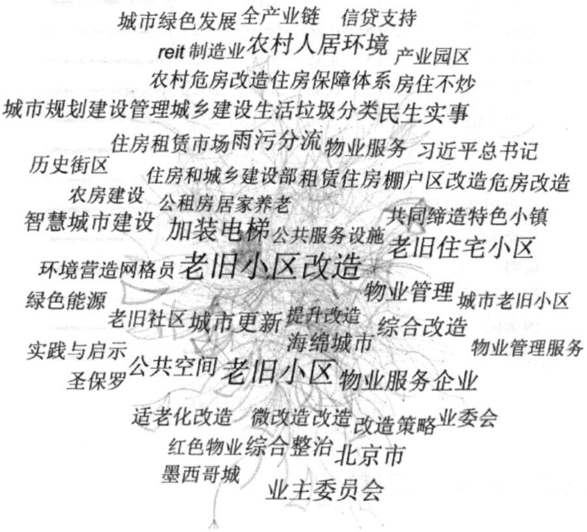
城市绿色发展
全产业链
信贷支持
reit
制造业
农村人居环境
产业园区
农村危房改造
住房保障体系
房住不炒
城市规划建设管理
城乡建设
生活垃圾分类
民生实事
住房租赁市场
雨污分流
物业服务
习近平总书记
历史街区
住房和城乡建设部
租赁住房
棚户区改造
危房改造
农房建设
公租房
居家养老
智慧城市建设
加装电梯
公共服务设施
共同缔造
特色小镇
老旧住宅小区
环境营造
网格员
老旧小区改造
物业管理
城市老旧小区
绿色能源
老旧社区
城市更新
提升改造
综合改造
海绵城市
实践与启示
物业管理服务
圣保罗
公共空间
老旧小区
物业服务企业
适老化改造
微改造
改造
改造策略
业委会
红色物业
综合整治
北京市
墨西哥城
业主委员会

图 1-1　关键词图谱

利用“可视化文献分析软件”对国内老旧小区改造研究文献进行关键词共现分析。选择节点类型（Node Types）=“Keyword”、时间切片（Time Slicing）=“2015～2022”“Years Per Slice=1”“Selection Criteria”赋值为“Top N=50”，勾选寻径网络算法（Pathfinder）和修剪切片网（Pruning Sliced Networks）得到老旧小区改造研究关键词共现图谱（图 1-1），高频词（出现频率大于 40 次）有老旧小区改造、老旧小区、城市更新、改造、住房和城乡建设部、加装电梯、海绵城市、微改造、保障性租赁住房、公共服务设施、高质量发展、物业管理、城市开发建设。利用 burst terms 检测到该时期有 19 个突现词（图 1-2），其中突现词“改造”强度高达 10，仅次于核心关键词“老旧小区”（强度 14.26），与“老旧住宅小区”“综合改造”“整治改造”紧密连接。而突现强度较高且生命周期较长的突现词有“综合改造”“住宅小区”“城市建设”“绿化改造”等。对于“有机更新”“海绵城市”“智慧社区”等新出现的突现词预示着未来老旧小区改造研究的方向。

通过分析高频词和突现词所对应的被引文献发现国内老旧小区改造研究热点主要集中在老旧小区住宅、城市更新、海绵城市等的探索，通过比较发现：(1) 从老旧小区改造研究的高频词来看，国内研究强调的重点是城市建设、综合改造治理。(2) 从老旧小区改造的突现词来看，国内研究更关注的是对建筑的更新和改造，这基于物质层面，而文化环境等领域还是有所欠缺。(3) 国内老旧小区的改造更新治理伴随着新城区的建设，面临很大的挑战。

关键词	年份	强度	起始年	结束年	2015-2022年
改造	2015	10	2015	2022	
老旧住宅小区	2015	7.6	2015	2022	
综合改造	2015	2.9	2016	2022	
住宅小区	2015	2.54	2016	2022	
城市建设	2015	2.31	2016	2022	
有机更新	2015	3.01	2016	2022	
绿化改造	2015	3.17	2016	2022	
老旧小区	2015	14.26	2016	2022	
业主委员会	2015	4.35	2016	2022	
整治改造	2015	6.65	2017	2022	
共同缔造	2015	3.06	2017	2022	
海绵城市	2015	7.32	2018	2022	
二次供水	2015	2.37	2018	2022	
住房租赁市场	2015	3.45	2018	2022	
老年人	2015	2.82	2018	2022	
策略	2015	4.3	2018	2022	
智慧社区	2015	3.79	2019	2022	
国务院	2015	4.03	2019	2022	
宁波市	2015	2.81	2019	2022	

图 1-2　突现词图谱

1. 老旧小区改造研究热点趋势图谱

关键词时区图，是关键词投射到以时间为纵坐标的图谱，可视化文献分析软件的时区图可以清晰地展示每个时期的研究热点，从而呈现此关键词的研究演进历程和发展趋势。通过可视化文献分析软件分析得到老旧小区改造研究时区图。根据老旧小区改造研究的时区图（图 1-3），可以发现老旧小区改造研究大致可分为两个阶段：第一阶段（2015～2016年）基本围绕老旧小区公共设施改造和物业管理展开，关键词“物业服务企业”“加装电梯”，反映出这一阶段研究人员对老旧小区物业管理形式的探讨以及公共设施改造更新的想法——这是改造的基础。第二阶段（2017～2019 年），在这一阶段出现了很多新词汇，关键词“海绵城市”“特色小镇”“节能改造”等是研究学者对于城市可持续发展、绿色化

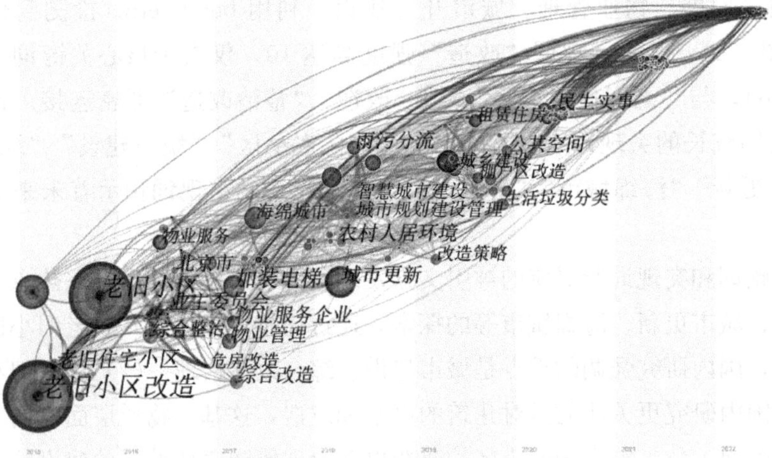
民生实事
租赁住房
公共空间
雨污分流
城乡建设
棚户区改造
智慧城市建设
城市规划建设管理
生活垃圾分类
海绵城市
物业服务
农村人居环境
改造策略
北京市
加装电梯
城市更新
老旧小区
业主委员会
物业服务企业
综合整治
物业管理
老旧住宅小区
危房改造
综合改造
老旧小区改造

图 1-3　老旧小区改造研究的关键词时区图

发展、经济化方向想法的体现。除此之外关键词“智慧社区”“适老化改造”等表明了老旧小区适老化的现状，面对越来越严重的老龄化问题，以及对老年人的关心照顾，在老旧小区改造的过程中一定要注意老年人的需求。

2. 老旧小区改造研究热点主题分析

对于研究热点主题分析主要用于了解研究学者对于国内老旧小区改造的研究范围领域。通过可视化文献分析软件对于知网文献进行关键词共现分析和聚类图谱分析，可以很好地呈现国内学者对于研究国内老旧小区改造的主题。老旧小区改造研究的高频关键词，共现分析关键词和共现知识图谱均可以清晰地看出老旧小区在某个领域内的研究热点主题及研究结构，对其进行研究有助于把握当前研究领域的整体情况和各个研究热点之间的联系。关键词共现知识图谱中的每一个节点代表一个关键词，节点的大小与关键词的频次成正比。节点与节点之间的连线表示两个关键词的共现情况，连线的粗细程度代表关键词之间的共现强弱程度。节点的外围圆圈则代表该关键词是该研究领域的研究热点。将前期收集的样本文献数据导入，时间时区设为 2015～2022 年，时间切片设为一年，数据抽取阈值为“TOP50”，通过关键词共现频次统计构建出关键词共现知识图谱（图 1-4）。

危房改造
住房租赁市场
农村危房改造房住不炒
住房保障体系
城乡建设
生活垃圾分类
棚户区改造
共同缔造
老旧住宅小区
民生实事
农村人居环境
习近平总书记
租赁住房
全产业链
加装电梯
物业服务
老旧社区
物业管理
综合改造
绿色能源
老旧小区改造
环境营造
物业服务企业
智慧城市建设
雨污分流
城市更新
微改造
实践与启示
综合整治
公共空间
老旧小区
圣保罗
北京市
业委会
改造策略
海绵城市
改造
城市规划建设管理
适老化改造
历史街区
业主委员会
特色小镇
城市绿色发展
墨西哥城

图 1-4　关键词共现知识图谱

从关键词共现知识图谱中的关键节点的分布情况发现，老旧小区改造的热点之间联系紧密、密度大。经研究和整理发现得知老旧小区改造的研究热点归结为四个方面：(1) 以老旧小区改造为中心的研究热点，包括“绿色化改造”“公共服务设施”“改造策略”“海绵城市”等研究热点。(2) 以适老化为中心的研究热点，关键词为“加装电梯”“智慧社区”“业主委员会”“适老化改造”“居家养老”等。(3) 以老旧小区治理主体为中心的研究热点，其关键词为“物业管理”“物业服务企业”“社区治理”。(4) 以城镇化为中心的研究热点，关键词为“新型城镇化”“城乡建设”“棚户区改造”等。

3. 老旧小区改造热点研究聚类图谱分析

将知网导出文献数据库信息中的关键词作为网络节点，一年作为一个时间分割，生成聚类图谱（图 1-5），分析得知我国研究学者对于老旧小区改造的研究主题主要集中在“老旧小区”“城镇老旧小区改造”“物业服务企业”“公共设施”等方面。

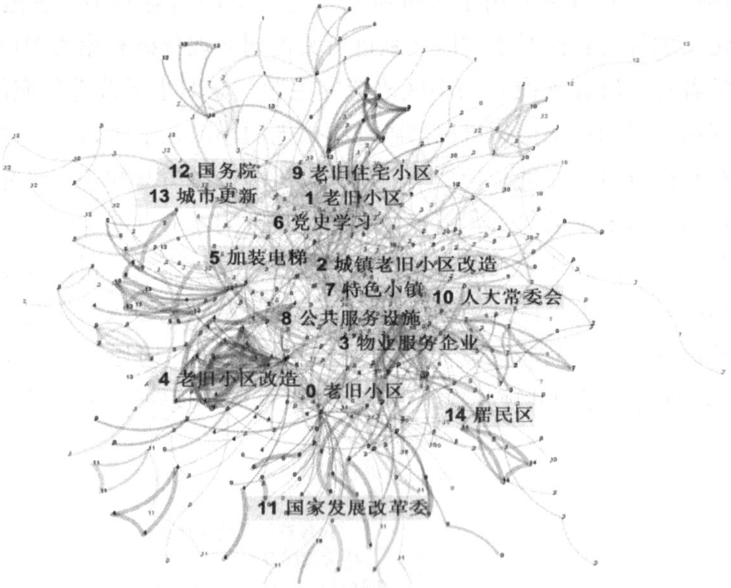
12 国务院
9 老旧住宅小区
13 城市更新
1 老旧小区
6 党史学习
5 加装电梯
2 城镇老旧小区改造
7 特色小镇
10 人大常委会
8 公共服务设施
3 物业服务企业
4 老旧小区改造
0 老旧小区
14 居民区
11 国家发展改革委

图 1-5 聚类图谱

4. 老旧小区改造研究期刊

截至 2022 年，国内对于老旧小区改造主题研究的 2242 篇文献分别来源于 624 个期刊。从 2015 年至 2022 年，发文量最大的前 20 个期刊主要是城市规划方向和建筑学方向的期刊。城市规划方向的期刊，如《城乡建设》《城市开发》等，刊文量分别达到 143 篇、75 篇。建筑学方向的期刊，例如《住宅与房地产》67 篇、《建设科技》53 篇、《中国建设信息化》53 篇、《中华建设》49 篇。城乡规划方向的期刊中如《城市规划》11 篇、《城市发展研究》19 篇、《现代城市研究》12 篇，虽然城市规划方向的期刊发文量比较少，但其影响因子却相对较高，分别是 2.113、1.702、1.016（表 1-1）。

2015～2022 年来老旧小区改造研究的主要期刊 **表 1-1**

期刊名称	文献数量	2021 年综合影响因子	期刊所在国家
城乡建设	143	0.114	中国
住宅与房地产	67	0.031	中国
建设科技	53	0.206	中国
中国建设信息化	53	0.1	中国
城市规划	11	2.113	中国
城市发展研究	19	1.702	中国
现代城市研究	12	1.016	中国

1.1.2　研究机构与研究作者

在可视化文献分析软件中对老旧小区改造研究的中文文献进行机构合作网络分析。参数设置为：时间切片（Time Slicing）=“2015～2022”，“Years Per Slice=1”，节点类型（Node Types）=“In-stitutions”“Top N=50”，勾选寻径网络算法（Pathfinder）和修剪切片网（Pruning Sliced Net-works）得到图 1-6。

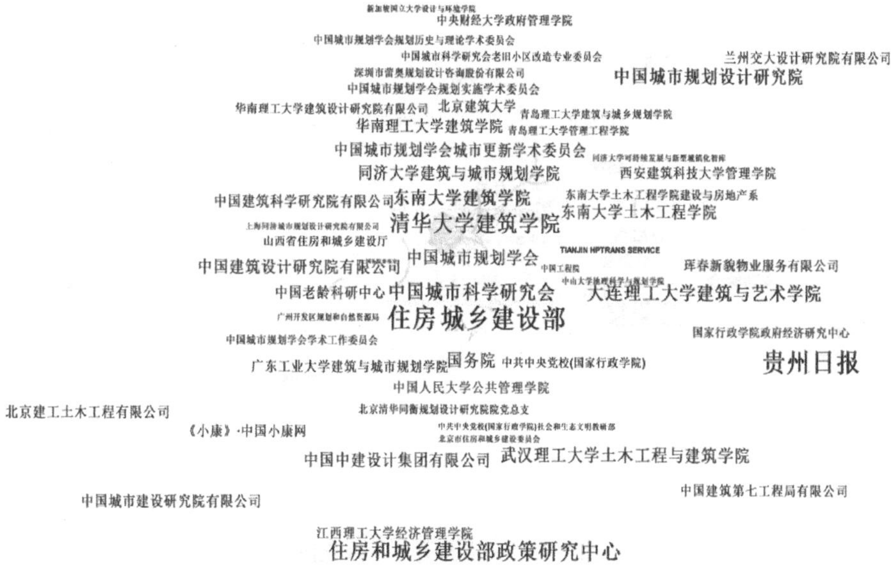
中央财经大学政府管理学院
中国城市规划学会规划历史与理论学术委员会
中国城市科学研究会老旧小区改造专业委员会
兰州交大设计研究院有限公司
深圳市雷奥规划设计咨询股份有限公司
中国城市规划设计研究院
中国城市规划学会规划实施学术委员会
华南理工大学建筑设计研究院有限公司
北京建筑大学
青岛理工大学建筑与城乡规划学院
华南理工大学建筑学院
青岛理工大学管理工程学院
中国城市规划学会城市更新学术委员会
同济大学建筑与城市规划学院
西安建筑科技大学管理学院
中国建筑科学研究院有限公司
东南大学建筑学院
东南大学土木工程学院建设与房地产系
东南大学土木工程学院
清华大学建筑学院
山西省住房和城乡建设厅
TIANJIN HPTRANS SERVICE
中国建筑设计研究院有限公司
中国城市规划学会
珲春新巍物业服务有限公司
中国老龄科研中心
中国城市科学研究会
大连理工大学建筑与艺术学院
住房城乡建设部
国家行政学院政府经济研究中心
中国城市规划学会学术工作委员会
广东工业大学建筑与城市规划学院
国务院
中共中央党校(国家行政学院)
贵州日报
中国人民大学公共管理学院
北京建工土木工程有限公司
北京清华同衡规划设计研究院党总支
《小康》·中国小康网
中国中建设计集团有限公司
武汉理工大学土木工程与建筑学院
中国城市建设研究院有限公司
中国建筑第七工程局有限公司
江西理工大学经济管理学院
住房和城乡建设部政策研究中心

图 1-6　“研究机构”关键词可视图

研究机构存在以下情况：住房城乡建设部、贵州日报、住房和城乡建设部科技与产业化发展中心以及清华大学建筑学院发文量最高，分别达到 38 篇、34 篇、20 篇、20 篇，住房和城乡建设部政策研究中心、中国城市科学研究会、大连理工大学建筑与艺术学院、北京建筑大学建筑与城市规划学院等发文量也比较高，比较具有代表性。但是总的来说，对于老旧小区改造方向的研究机构中还是住房和城乡建设、建筑方向的占大多数，其他行业机构涉及很少。

文献共引作者之间的联系度反映了各学者对此项研究是否达成共识，而本书在对于老旧小区改造研究中发现，文献共引作者之间的联系度并不强，呈离散状态（图 1-7）。

说明国内对于老旧小区改造方面的研究并没有得到共识的方向，从作者背景方向看，从事城市规划和建筑方向研究的学者居多，根据统计，王蒙徽是共引次数最多的作者，达到共引次数 49 频次，其次是城镇化理论与城市规划研究专家仇保兴教授，共 14 频次（表 1-2），另外李嘉珣、王燕萍、刘佳燕、谷甜甜、罗亮亮、由嘉欣等在城市规划和建筑领域的知名学者也做出了杰出的贡献，为老旧小区改造工作的发展和实践起到了推动作用。

排名前五的中文文献共引作者一览表　　表 1-2

共引次数	作者名称	作者简介
49	王蒙徽	清华大学城市规划与设计副教授
14	仇保兴	城镇化理论与城市规划研究专家、教授
12	李嘉珣	住房和城乡建设部发展研究中心
10	王燕萍	东华大学材料科学与工程学院高分子科学与工程系副主任
9	刘佳燕	清华大学建筑学院讲师

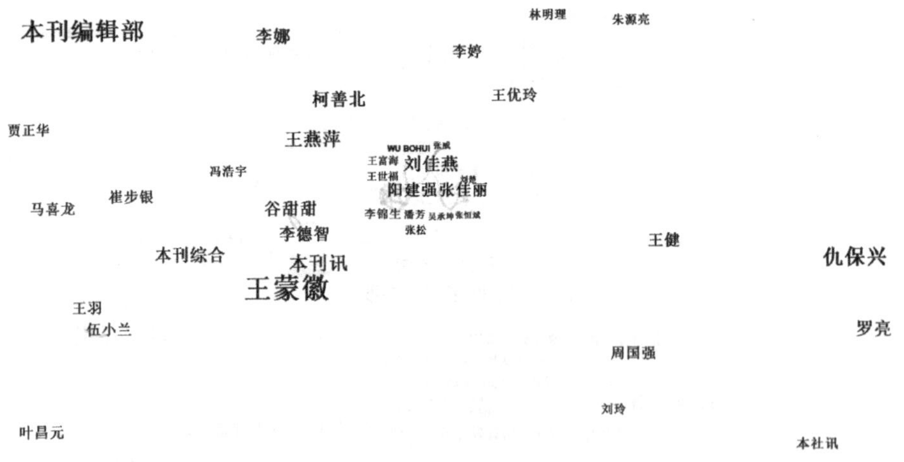
林明理
朱源亮
本刊编辑部
李娜
李婷
柯善北
王优玲
贾正华
王燕萍
WU BOHUI
王富海
刘佳燕
王世福
阳建强
张佳丽
冯浩宇
崔步银
马喜龙
谷甜甜
李锦生
潘芳
吴承坤
张恒斌
张松
李德智
王健
本刊综合
本刊讯
仇保兴
王蒙徽
王羽
伍小兰
罗亮
周国强
刘玲
叶昌元
本社讯

图 1-7 “研究作者”可视化图

1.2　相关研究内容分析

我国老旧小区改造由来已久，从中华人民共和国成立初期的“奖励修房、保养现有房屋”政策到 1985 年《城乡住宅建设技术政策》中住宅改造的七条范例，从 1987 年清华大学吴良镛教授的“菊儿胡同”成功改造实践到 2015 年住房和城乡建设部《关于开展老旧居住小区情况调查的通知》文件和 2017 年国务院《政府工作报告》提出的“有序推进老旧小区改造”决策，我国老旧小区改造工作实践不断发展。学术方面也有多人研究成果：如马伊萱以北京为例从道路、广场、设施三个方面研究老旧小区改造策略；张欢以邯郸市为例从打造美丽街区出发研究改造老旧小区的规划策略；徐莎莎对老旧小区改造后评价进行研究。

1.2.1　改造策略研究

由知网可视化分析得知对于改造策略的研究从 2004 年开始逐步增多（图 1-8），针对此内容发表的量逐年递增，对于老旧小区改造策略研究发文量相对占前列位置，学科分布占比最多的学科是建筑科学与工程，占比高达 63.13%，说明对于改造策略的研究大多为针对城市建设和城区发展等问题的（图 1-9、图 1-10）。

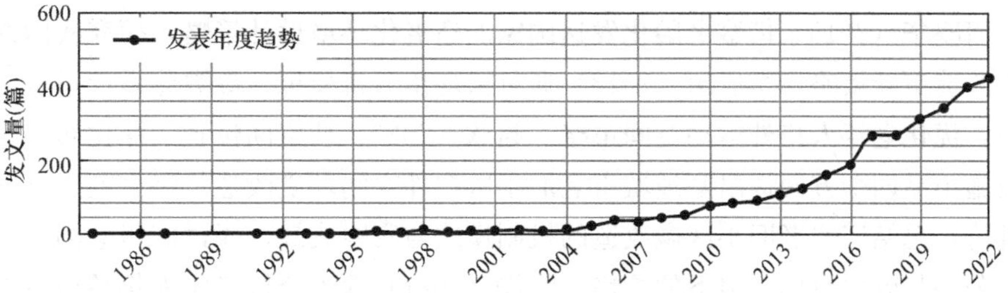
600
400
200
0
发文量(篇)
发表年度趋势
1986
1989
1992
1995
1998
2001
2004
2007
2010
2013
2016
2019
2022

图 1-8　改造策略研究发表年度趋势图

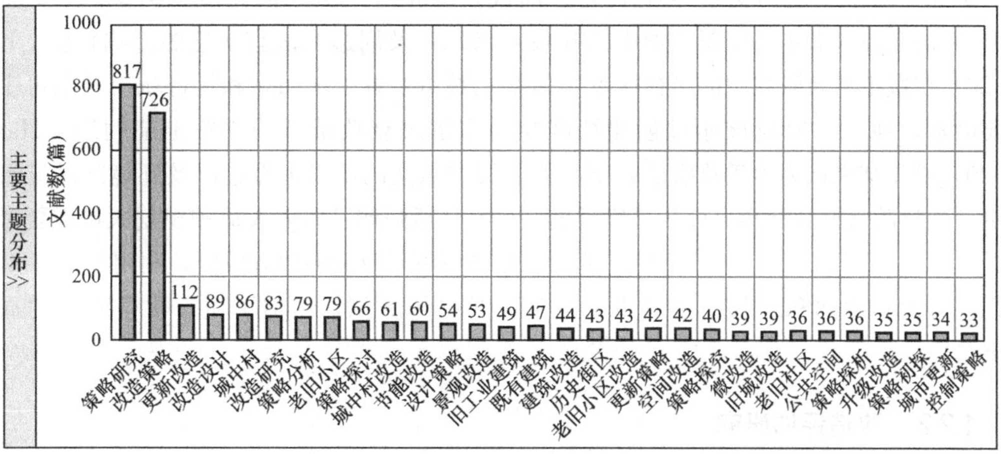
主要主题分布>>
文献数(篇)
1000
800
600
400
200
0
817
726
112
89
86
83
79
79
66
61
60
54
53
49
47
44
43
43
42
42
40
39
39
36
36
36
35
35
34
33
策略研究
改造策略
更新改造
改造设计
城中村
改造研究
策略分析
老旧小区
策略探讨
城中村改造
节能改造
设计策略
景观改造
旧工业建筑
既有建筑
建筑改造
历史街区
老旧小区改造
更新策略
空间改造
策略探究
微改造
旧城改造
老旧社区
公共空间
策略探析
升级改造
策略初探
城市更新
控制策略

图 1-9　改造策略研究主要主题分布图

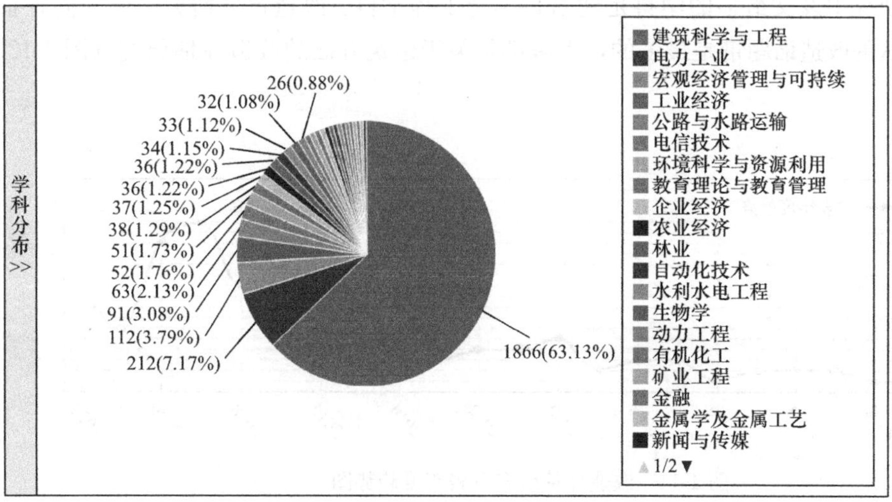
学科分布>>
26(0.88%)
32(1.08%)
33(1.12%)
34(1.15%)
36(1.22%)
36(1.22%)
37(1.25%)
38(1.29%)
51(1.73%)
52(1.76%)
63(2.13%)
91(3.08%)
112(3.79%)
212(7.17%)
1866(63.13%)
建筑科学与工程
电力工业
宏观经济管理与可持续
工业经济
公路与水路运输
电信技术
环境科学与资源利用
教育理论与教育管理
企业经济
农业经济
林业
自动化技术
水利水电工程
生物学
动力工程
有机化工
矿业工程
金融
金属学及金属工艺
新闻与传媒
1/2

图 1-10 彩图

图 1-10　改造策略研究学科分布图

1. 国内

国内老旧小区改造策略研究包括户外环境、微环境模拟、老龄化、微改造和社区治理等方面。何凌华（2015）借鉴老龄化发达国家的适老化环境设计策略，探究我国既有社区居住环境改造更新策略。李辰琦（2018）通过微环境分析模拟、参数化设计过程、低技术景观手段，优化老年人户外运动空间策略。赵欣（2020）从空间位置、绿化布局、下垫面材质和设施小品四个方面提出寒地城市老旧小区户外空间环境改造策略。刘垚（2020）引入治理理论，总结广州老旧小区微改造的机制模式与实践成效，探讨广州老旧小区微改造在效率、公平与效益目标指引下的策略。陈烨（2021）深入分析老年人年龄段特性，诊断发现老旧小区老年群体核心诉求，提出相应对策。

2. 国外

国外在城市改造与更新策略研究方面成果颇丰，且从不同角度展开研究。Furlan（2019）研究在卡塔尔一个新交通枢纽建设对该地区及周边社区宜居性的影响程度。Kim（2020）在城市更新研究中提出社区参与是解决城市空置土地问题和促进城市长期再生的重要因素，地方政府应该通过创建社区参与来解决衰败城市的空置土地问题。Harris（2020）研究结果认为由于政府的长期扩张、民主做法的不稳定崛起以及环境问题导致城市更新从物质目标到社会目标的最终转变，研究最后强调了研究人员和规划人员需要考虑的设计对策。Albanese（2021）研究了意大利城市更新政策的地方效应，利用2008～2012年期间意大利中部和北部中小城市采取的干预措施数据，预估了城市再生政策的局部效果。

1.2.2 改造评估研究

由知网可视化分析可以得出2002～2012年期间，发表有关改造评估的文献量变化趋势不大，总体还是较少的。2013～2022年对于改造评估的研究发文量大幅增长（图1-11）。对于改造评估研究中发文最多的学科是建筑科学与工程学科。改造评估研究中除风险评估外，对于棚户区的改造话题量是最多的，大多都是关于建筑方面的改造评估研究（图1-12、图1-13）。

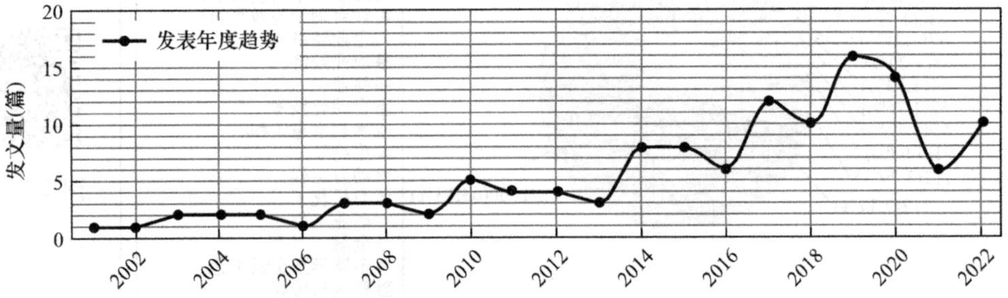
发表年度趋势
发文量(篇)
0
5
10
15
20
2002
2004
2006
2008
2010
2012
2014
2016
2018
2020
2022

图1-11 改造评估研究发表年度趋势图

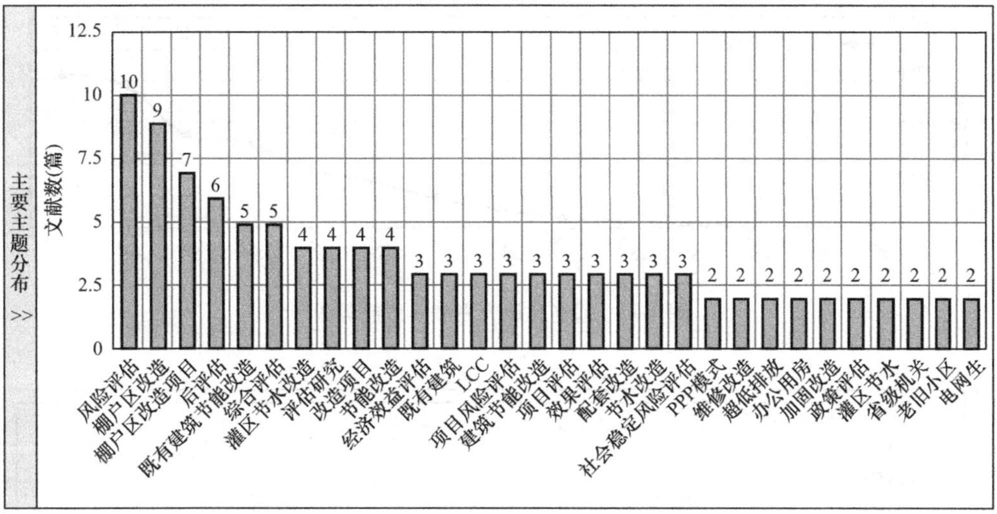
主要主题分布>>
文献数(篇)
12.5
10
7.5
5
2.5
0
10
9
7
6
5
5
4
4
4
4
3
3
3
3
3
3
3
3
3
3
2
2
2
2
2
2
2
2
2
2
风险评估
棚户区改造
棚户区改造项目
后评估
既有建筑节能改造
综合评估
灌区节水改造
评估研究
改造项目
节能改造
经济效益评估
既有建筑
LCC
项目风险评估
建筑节能改造
项目评估
效果评估
配套改造
节水改造
社会稳定风险评估
PPP模式
维修改造
超低排放
办公用房
加固改造
政策评估
灌区节水
省级机关
老旧小区
电网生

图 1-12　改造评估研究主要主题分布图

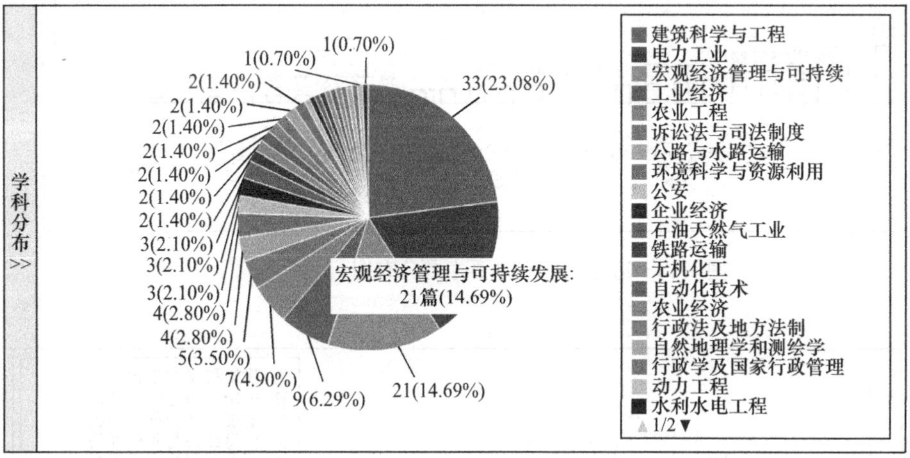
学科分布>>
1(0.70%)
1(0.70%)
33(23.08%)
2(1.40%)
2(1.40%)
2(1.40%)
2(1.40%)
2(1.40%)
2(1.40%)
2(1.40%)
3(2.10%)
3(2.10%)
3(2.10%)
4(2.80%)
4(2.80%)
5(3.50%)
7(4.90%)
9(6.29%)
21(14.69%)
宏观经济管理与可持续发展:
21篇(14.69%)
建筑科学与工程
电力工业
宏观经济管理与可持续
工业经济
农业工程
诉讼法与司法制度
公路与水路运输
环境科学与资源利用
公安
企业经济
石油天然气工业
铁路运输
无机化工
自动化技术
农业经济
行政法及地方法制
自然地理学和测绘学
行政学及国家行政管理
动力工程
水利水电工程
1/2

图 1-13 彩图

图 1-13　改造评估研究学科分布图

1.2.3　适老化研究

在知网对适老化研究进行可视化分析发现，我国对于适老化研究的开始时间较晚（图 1-14），发表相关研究期刊数量从 2014 年开始才有所增长，根据联合国老龄化社会的标准我国从 2000 年开始就进入了老年型社会，直到 2009 年我国正式启动了一项应对人口老龄化战略研究，各领域学者相继开始发表了有关适老化研究的文章，据统计学科分布占比最高是建筑科学与工程，占比达到 54.69%，其次则是中国政治与国际政治，占比 16.69%（图 1-15、图 1-16）。

我国老龄化社会到来和国家对社区养老模式的提倡促进了社区适老化环境研究的发展。王江萍的《老年人居住外环境规划与设计》，从住区场地、室外活动空间、道路及步行空间、住区绿化空间、室外坐息空间、灯光色彩与小品标识这六个方面提出了规划设计

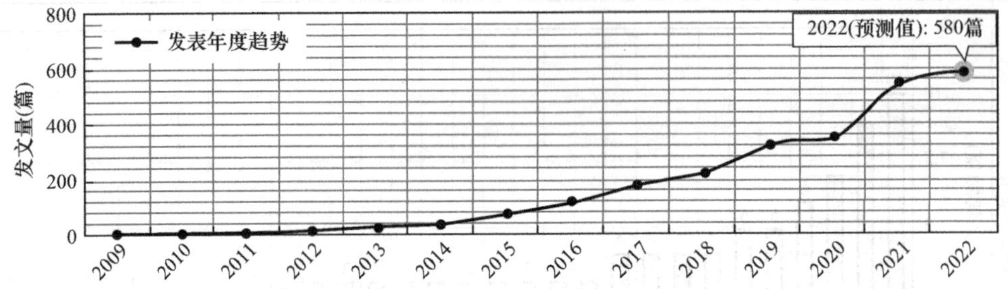

发表年度趋势
2022(预测值): 580篇
发文量(篇)
800
600
400
200
0
2009
2010
2011
2012
2013
2014
2015
2016
2017
2018
2019
2020
2021
2022

图 1-14　适老化研究发表年度趋势图

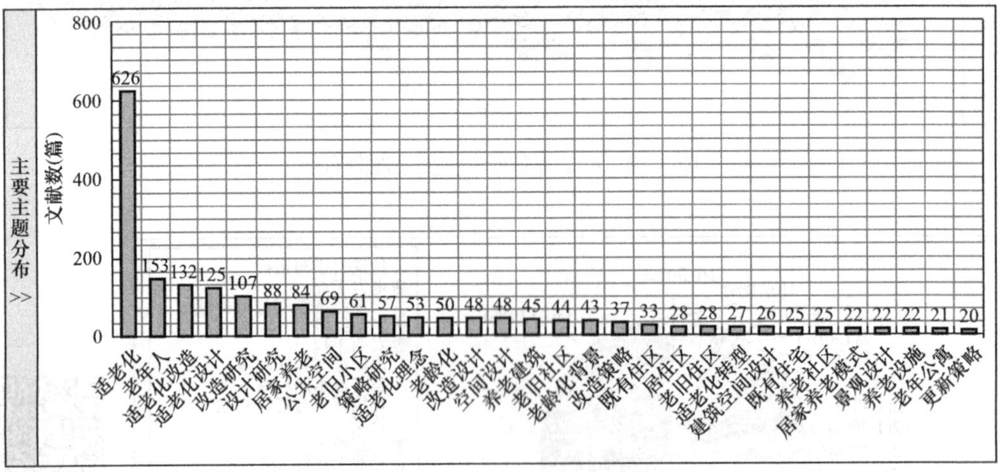

主要主题分布 >>
文献数(篇)
800
600
400
200
0
626
153
132
125
107
88
84
69
61
57
53
50
48
48
45
44
43
37
33
28
28
27
26
25
25
22
22
22
21
20
适老化
老年人
适老化改造
适老化设计
改造研究
设计研究
居家养老
公共空间
老旧小区
策略研究
适老化理念
老龄化
改造设计
空间设计
养老建筑
老旧社区
老龄化背景
改造策略
既有住区
居住区
老旧住区
适老化转型
建筑空间设计
既有住宅
养老社区
居家养老模式
景观设计
养老设施
老年公寓
更新策略

图 1-15　适老化研究主要主题分布图

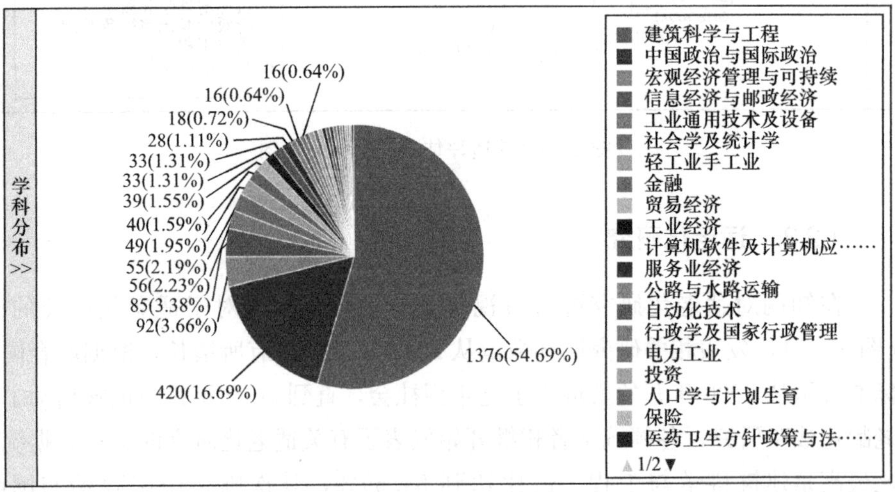

学科分布 >>
16(0.64%)
16(0.64%)
18(0.72%)
28(1.11%)
33(1.31%)
33(1.31%)
39(1.55%)
40(1.59%)
49(1.95%)
55(2.19%)
56(2.23%)
85(3.38%)
92(3.66%)
420(16.69%)
1376(54.69%)
建筑科学与工程
中国政治与国际政治
宏观经济管理与可持续
信息经济与邮政经济
工业通用技术及设备
社会学及统计学
轻工业手工业
金融
贸易经济
工业经济
计算机软件及计算机应……
服务业经济
公路与水路运输
自动化技术
行政学及国家行政管理
电力工业
投资
人口学与计划生育
保险
医药卫生方针政策与法……
1/2

图 1-16 彩图

图 1-16　适老化研究学科分布图

相关的原则以及手法。李鸿烈的《老年居住环境设计研究》，对适宜老年人的住宅外部空间环境和内部空间环境分别进行了深入的分析和研究。在老旧小区适老化设计方面，张筱京和赵尤阳分别以太原市和北京市海淀区为例对老旧小区户外适老化空间设计进行了研究。

和中国相比，国外一些国家提前进入老龄化社会，在社区养老和老年人社区居住环境方面研究较早。20 世纪 60 年代瑞典学者尼杰尔（Bengt Nirje）提出了“正常化”理论，指出对于老年人群体来说，正常化的社区是最合适的生活环境，这一理论促进了社区养老的发展。日本 1963 年颁布的《日本老人福利法》中将老年人的居住建筑分为宅在福利与机构福利，除了居住福利设施外，还包括为老年人提供各种能够增进健康、提高修养和开展娱乐活动的设施。这些设施目的在于让老年人融入正常的社区生活中。美国 20 世纪 60 年代的老年社区以社区的空间形态为依托，配置照顾老年人的各类医疗、健康服务设施，让老年人在社区中既享受家庭氛围又拥有专业的服务，满足不同年龄阶段和身体健康状况需求。

2000 年来，国外对大众户外健康运动相关研究已涉及公共健康、体育活动、规划设计等多个领域。针对老年人研究有：Gavin 通过对 127 位老人的问卷调查研究社区内空间环境对行动不能自理老年人健康运动的影响。Uffelen 研究 60 岁以上老年人健康运动动机与住区周围环境的关系，Moran 用定性方法系统回顾了空间环境对老年人健康运动影响及其性别差异。国外研究主要面向社区户外环境，大多采用实地调研和统计分析相结合的方式研究老年人运动和空间环境之间的关系，根据研究结果指导社区空间环境设计。

国外关于老年人社区居住环境的理论和发展模式证明了我国社区养老模式的正确性和老旧小区适老化改造的重要意义。国外在大众户外健康运动方面研究成果、研究方法对我国此类研究有借鉴意义。

1.2.4　户外空间研究

由知网可视化分析可以得出，2004 年以前有关户外空间研究的发文量很少（图 1-17），在此之后，呈稳定增长状态，对于户外空间的研究中发现老旧小区户外公共空间的利用和环境的改造是主要关注问题，而老人和儿童是主要关注对象（图 1-18）。建筑科学与工程是发文量最大的学科，所占比例高达 79.05%（图 1-19）。

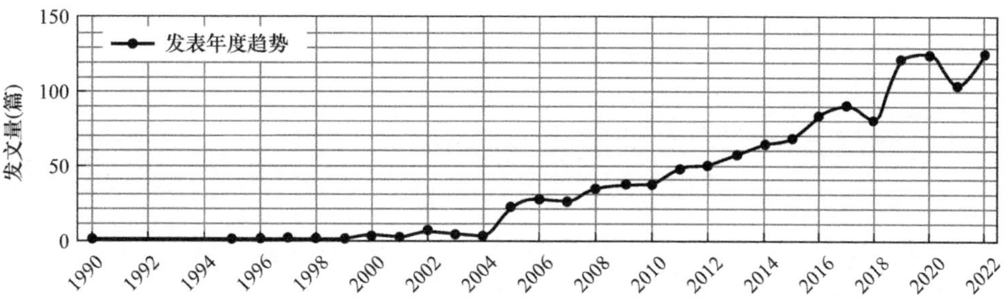
发表年度趋势
发文量(篇)
150
100
50
0
1990
1992
1994
1996
1998
2000
2002
2004
2006
2008
2010
2012
2014
2016
2018
2020
2022

图 1-17　户外空间研究发表年度趋势图

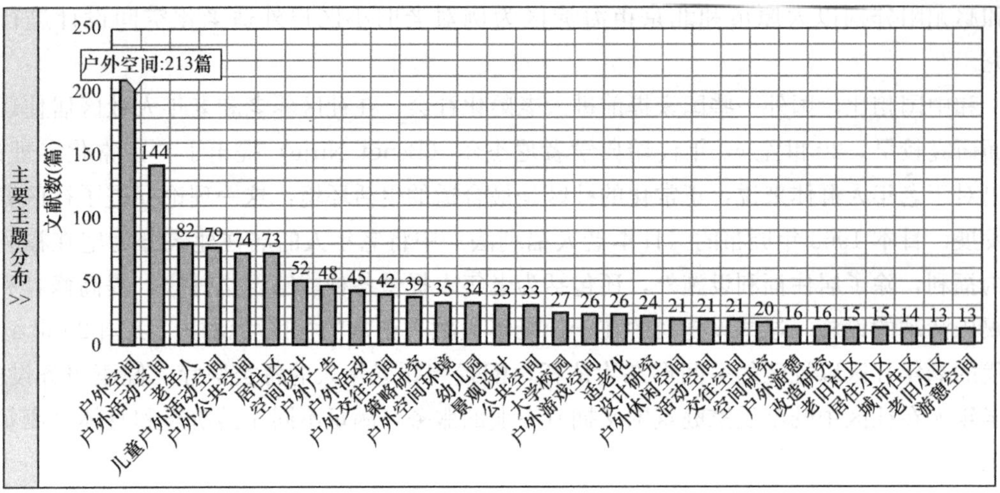
主要主题分布>>
文献数(篇)
户外空间:213篇
250
200
150
100
50
0
144
82
79
74
73
52
48
45
42
39
35
34
33
33
27
26
26
24
21
21
21
20
16
16
15
15
14
13
13
户外空间
户外活动空间
老年人
儿童户外活动空间
户外公共空间
居住区
空间设计
户外广告
户外活动
户外交往空间
策略研究
户外空间环境
幼儿园
景观设计
公共空间
大学校园
户外游戏空间
适老化
设计研究
户外休闲空间
活动空间
交往空间
空间研究
户外游憩
改造研究
老旧社区
居住小区
城市住区
老旧小区
游憩空间

图 1-18　户外空间研究主要主题分布图

图 1-19 彩图

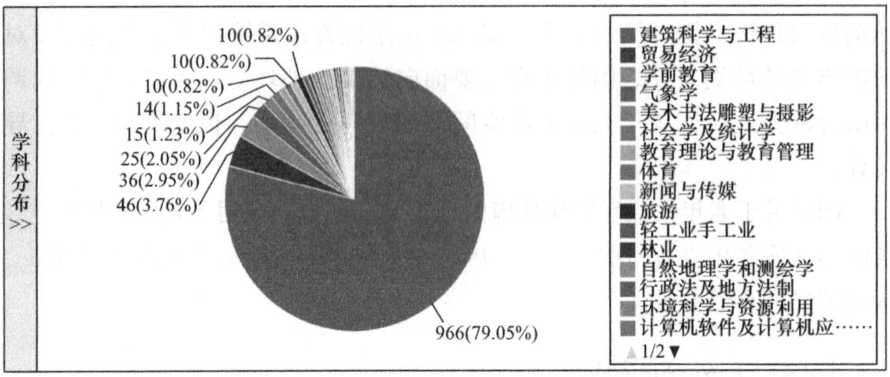
学科分布>>
10(0.82%)
10(0.82%)
10(0.82%)
14(1.15%)
15(1.23%)
25(2.05%)
36(2.95%)
46(3.76%)
966(79.05%)
建筑科学与工程
贸易经济
学前教育
气象学
美术书法雕塑与摄影
社会学及统计学
教育理论与教育管理
体育
新闻与传媒
旅游
轻工业手工业
林业
自然地理学和测绘学
行政法及地方法制
环境科学与资源利用
计算机软件及计算机应……
1/2

图 1-19　户外空间研究学科分布图

第2章

老旧小区户外空间与户外活动

2.1 老旧小区户外空间

2.1.1 实地调研

近年来，本书研究团队通过访谈、实地勘测、拍照等方式对哈尔滨、佳木斯等城市的各类老旧小区进行实地调研（图 2-1），调研过程中，对居民、物业和社区人员进行访谈，充分了解老旧小区的空间现状和户外活动（图 2-2）等内容。

(a) (b) (c) (d)

图 2-1 调研与访谈示例

(a) 儿童器械活动 (b) 儿童秋千活动 (c) 成年器械健身

(d) 散步 (e) 棋牌 (f) 闲坐

图 2-2 老旧小区户外活动示例

2.1.2 存在问题

1. 老旧小区户外环境存在的问题

通过现场调研和访谈，研究发现佳木斯老旧小区存在如下几方面问题（图 2-3）。

(a) 空旷的大广场　(b) 混乱的停车　(c) 凉亭底部设计不利于使用
(d) 设施缺乏、运营困难　(e) 缺乏维护与管理　(f) 空间凋零、没有活力

图 2-3　老旧小区户外环境存在问题示例

“大广场”现象严重，缺少人性化细节设计。很多老旧小区存在缺乏绿化和设施的空旷“大广场”。广场虽大，但缺乏功能支持和“无障碍”等细节设计，不利于户外活动。

停车没有规划，侵占居民户外活动空间。停车乱象几乎涵盖所有小区，侵占户外休闲空间，也给居民活动带来安全隐患。

户外设施不足、管理运营困难。由于资金不足等原因，大多数小区户外活动设施不足，休息座椅和休闲设施无法保障；很多小区缺乏物业管理，这也给改造后运营增加困难。

空间文化缺失和凋零，社区文化难以延续。很多老旧小区为 20 世纪工厂家属区，居民彼此熟悉，存在感情纽带。然而户外活动空间被侵占或疏于管理，居民丧失情感沟通场所，社区文化难以延续。

2. 老旧小区老化的建筑物

随着城市化建设的进程，老旧小区逐渐增多，有的老旧小区已经经历了数十载的风雨，小区户外环境状态较差，有些老旧小区的墙体由于老化再加之雨水的冲刷颜色变黄，有些墙皮也开始脱落，严重影响居民的运动生活心情，在恶劣天气情况下，高楼层的墙皮掉落很可能给老旧小区居民带来危险。图 2-4 是佳木斯市某老旧小区的现状。

3. 运动器材问题

老旧小区居民大多数都是老年人，这一特点在小区内进行运动显得尤为重要，当前的老旧小区严重缺少运动器材，仅有的运动器材也已老化甚至出现了安全问题（图 2-5）。

(a)　　　　　　　　　　　　(b)

图 2-4　老旧小区老化墙体图

(a)　　　　　　　　　　　　(b)

图 2-5　运动器材老化严重图

4. 夜间照明

目前，大部分老旧小区开发建设时间早，基础设施建设水平较差，各类照明设施不足。随着时间推移，开发建设主体大多已经缺失，无人对照明承担责任，造成照明系统长期年久失修，加上小区内树木生长茂盛，导致小区内路灯昏暗、照明不足，严重影响小区居民的安全出行。老旧小区是我们城市建设不可或缺的一部分，同时也受到群众的广泛关注。老旧小区改造是推动城市文明程度提升的一剂“良药”，对于补齐城市文明程度的“短板”具有重要意义。为了小区居民的方便和出行安全，老旧小区亮化工程改造是一项惠民工程。

5. 无障碍设计

无障碍设计又称特殊设计，是指对特殊人群无危险的、可接近的产品和建筑实施的

图 2-6 缺少无障碍设计的区域图

设计。无障碍设计的理想目标是“无障碍”。基于对人类行为、意识与动作反应的细致研究，致力于优化一切为人所用的物与环境的设计，在使用操作界面上清除那些让使用者感到困惑、困难的“障碍”，为使用者提供最大可能的方便，这就是无障碍设计的基本思想。无障碍设计关注残疾人、老年人的特殊需求。当前老旧小区在某些位置缺少这种无障碍设计，例如楼梯口、活动场地（图 2-6）。

6. 居民室外土地利用现状

老旧小区土地有效利用率较差，大场地不能有效规划设计运动形式，人们大多数在自己小区附近的小范围内运动，大场地的这一空白对居民运动健康来说也是有影响的。小场地土地面积还不足够，运动的人一多就会产生聚堆现象。图 2-7 是佳木斯市汇鑫源小区的土地使用现状。

(a) (b) (c)

图 2-7 土地利用情况较差

7. 绿化景观问题

环境也直接影响人们的户外活动，不同活动类型对空间微气候环境的敏感程度不同，如相比动态活动人群，静态活动人群更敏感，如老年人比中年人对空间环境的冷热程度有更强的敏感性。在老旧小区改造中，增加绿化空间是提升环境的重要内容，同时绿化空间的布局也是影响微气候环境的主要因素之一。绿化空间的布局将对小区内户外空间的温度和风环境产生一定的影响，有利于提升微气候环境的舒适度。因此，在老旧小区的绿化环境改造中既要满足不同活动的需求，又要在植物布局上起到优化微气候环境的作用。需要对绿化植物的搭配以及栽培位置进行科学性的规划。目前的状况是绿色景观类型单一，并且大概有 70%的小区内没有任何形式的绿化，且常年缺乏维护管理，好的景观最终也变成了小区垃圾（图 2-8）。

(a)

(b)

图 2-8　绿化景观现状问题图

8. 道路交通问题

当前老旧小区出现了许多乱停车现象，既占用了住区公共空间，又影响了小区居民的运动（图 2-9）。

图 2-9　乱停车现象图

2.1.3　空间与活动分析

1. 分析方法概述

结构方程模型（structure equation model，SEM）可以利用研究者所收集的实证资料来验证前期根据理论假设、实际经验而确定的某种因素结构中各因素之间的关系。根据国内外户外空间要素影响作用方面的研究可知，日常户外空间中的各种空间要素对使用者的户外活动有影响关系。为了更确切地用量化的方法验证和分析这种关系，本书利用空间要素的影响作用来设计问卷进行调研，通过建立各空间要素影响户外活动的假设，用结构方程模型验证并深入分析，找出各空间要素与户外活动之间的关系。

结构方程模型（后简称为 SEM）出现于 20 世纪 60 年代，是近年来应用统计学的重要进展之一，同时也是当代行为和社会科学领域量化研究的重要方法。SEM 主要功能是利用研究者所收集的数据资料来验证前期根据理论假设、实际经验而确定的某种因素结构中各因素之间的关系。其被广泛应用于心理学、商业、管理学等领域的研究，如周钱通过建立交通需求分析的 SEM 来分析出行者特征、活动参与和交通行为之间的影响关系；郝俊峰运用 SEM 来研究企业创新行为对顾客购买行为的影响；Fida Hussain Chandio 等人利用 SEM 来验证和解释顾客对网上银行信息系统的接受行为与对系统的有用性感知、易用性感知和信任度三者之间的关系。与传统的复回归相比，SEM 可以检测更复杂的路径模型，可以同时进行多个变量的关系和因果模型的分析。

本书研究团队前期曾利用SEM来研究老旧小区户外空间中空间要素与户外活动之间的关系（张翠娜）。

2. 空间要素概述

前期研究中，主要研究空间要素包括活动设施、可达性、物理环境、辅助功能（设施）、景观设计、维护安全等，各类空间要素详细阐述如下：

（1）活动设施：活动设施一级要素共包括14项二级要素，这些二级要素按照提供活动的不同可以分为儿童设施类、成人器械类、空地广场类、球类场地类、路径空间类和闲坐设施类共6类设施。

（2）可达性：包括车辆干扰、方便到达和道路环境三项二级要素。车辆干扰是指通往活动空间路上没有过多的车辆干扰或者不需要经过较多的车行路口等；方便到达是指空间距离住所不会太远，步行20分钟左右可以到达；道路环境是指通往空间的路上物理环境质量较好，比如不会经过垃圾箱等环境卫生不好的区域等。这三项可达性要素影响大众前往活动空间的积极性，干扰或促进大众活动的参与。

（3）物理环境：包括车辆噪声、空气质量、夏季遮阳和冬季挡风四项二级要素。车辆噪声指活动空间内部没有太多车辆噪声的干扰；空气质量是指活动空间内空气质量较好，没有太多灰尘、不好气味等；夏季遮阳是指夏季有一定遮阳措施，如遮阳的树木、花架、凉亭、建筑等；冬季挡风是冬季没有过多冷风的侵扰，场所形成背风环境或具有挡风措施。物理环境要素虽是描述噪声、空气、热舒适等环境质量的要素，但却与活动空间的选址、总图设计、建筑设计等息息相关。

（4）辅助功能：包括卫生间、阅读展览、下棋桌子、放物桌子、售（饮）水设施、售卖设施和垃圾桶七项二级要素。卫生间是指提供给活动大众的卫生间；阅读展览是可以阅读报纸或其他活动信息的阅读宣传设施；下棋桌子是指画有棋盘的桌子或没画棋盘但可以兼顾下棋的桌子；放物桌子是可以放临时物品的桌子，如放置野餐食物、饮品或其他个人物品等；售（饮）水设施是提供饮水或买水的设施；售卖设施是提供或售卖食品或物品的设施；垃圾桶是活动空间内垃圾桶的配置。各类辅助功能的提供可以保障和促进活动进行，是活动空间尤其是住区外部的城市公园、高校校园型活动空间重要组成部分。

（5）景观设计：包括自然景观、人工景观、植物景观、建筑雕塑和冬季景观五项二级要素。自然景观是活动空间内水域、山坡等景观，自然景观设置取决于活动空间的地形地貌；人工景观是活动空间内的假山、花坛、雕塑等景观；植物景观是空间内的各种树木、花卉和草坪等景观；建筑景观是场所内凉亭、长廊等建筑小品；冬季景观是指活动空间在冬季落叶后的景观。各类景观在活动空间中令活动大众赏心悦目，体现活动大众的审美需求。

（6）维护安全：包括铺设维护、设施维护、环境卫生、积雪清理四项维护二级要素和夜间照明、地面安全、社会治安、设施安全、警告标识五项安全要素。铺设维护指各种辅助功能的维护，如保证灯具无破损、保持卫生间清洁等；设施维护是指各类活动设施的维护；环境卫生是空间内环境卫生的维护；积雪清理是冬季下雪后的及时清理。夜间照明是夜间照明工具数量足够、位置合适；地面安全是指空间内地面防滑、无破损、无危险废弃物、无障碍设计完好等情况；社会治安是指活动空间内部及周围的治安状况；设施安全是指活动空间内各类活动设施、辅助功能、景观设施等的安全设计与维护；警告标识是指在危险区域的警示标牌和说明活动空间位置、平面、入口、使用要求等的标识图。各项维护安全体现了大众对活动空间的日常管理、细节设计等方面的要求。

3. 空间与活动分析

根据老旧小区户外空间要素重要性调研，研究发现不同空间要素的需求权重不同，详见表2-1。

老旧小区户外空间要素需求权重　　表2-1

一级要素	二级要素（安全要素）
I_1 活动设施（31.73%）	X_1 儿童设施（3.28%）；X_2 勿扰儿童（2.23%）；X_3 儿童安全（2.14%）；X_4 成人器械（1.63%）；X_5 器械说明（1.94%）；X_6 空地广场（2.66%）；X_7 空地面积（3.18%）；X_8 乒乓球（1.87%）；X_9 羽毛球（2.87%）；X_{10} 足球、篮球（2.25%）；X_{11} 散步小路（2.97%）；X_{12} 跑步空间（1.91%）；X_{13} 休息座椅（1.61%）；X_{14} 座椅材料（1.19%）
I_2 可达性（4.82%）	X_{15} 车辆干扰（1.94%）；X_{16} 方便到达（1.27%）；X_{17} 道路环境（1.61%）
I_3 物理环境（11.25%）	X_{18} 车辆噪声（3.07%）；X_{19} 空气质量（3.95%）；X_{20} 夏季遮阳（1.94%）；X_{21} 冬季挡风（2.28%）
I_4 辅助功能（11.20%）	X_{22} 卫生间（0.92%）；X_{23} 阅读展览（1.19%）；X_{24} 下棋桌子（1.82%）；X_{25} 放物桌子（2.75%）；X_{26} 售（饮）水设施（0.75%）；X_{27} 售卖设施（0.82%）；X_{28} 垃圾桶（2.95%）
I_5 景观设计（11.31%）	X_{29} 自然景观（0.16%）；X_{30} 人工景观（2.98%）；X_{31} 植物景观（3.39%）；X_{32} 建筑雕塑（2.33%）；X_{33} 冬季景观（2.44%）
I_6 维护安全（29.69%）	X_{34} 铺设维护（3.60%）；X_{35} 设施维护（3.30%）；X_{36} 环境卫生（3.07%）；X_{37} 积雪清理（3.61%）；X_{38} 夜间照明（3.55%）；X_{39} 地面安全（2.23%）；X_{40} 社会治安（3.03%）；X_{41} 设施安全（3.55%）；X_{42} 警告标识（3.75%）

研究发现，在老旧小区中，户外空气质量、噪声等物理环境对活动时间有影响。同时，各类要素之间也有影响：物理环境受维护安全影响、活动设施受辅助功能影响，辅助功能和维护安全受景观设计影响。

各种影响关系之间还存在差异性。对活动时间的影响，活动设施与物理环境存在显著差异，前者影响不显著而后者显著。对物理环境的影响，维护安全与辅助功能存在显著差异，维护安全没有显著影响，而辅助功能有显著影响。

2.2　特殊群体户外活动与空间

SEM多群组分析（simultaneous analysis of several groups）是为了“研究适配于某一个群体的路径模型图，其相对应的参数是否也适配于另一些群体”。多群组分析可以分析并检验研究者提出的理论模型在不同群体之间是否相同一致或者是有何等差异，也可以检验同一群组的相关路径有何等差异。由于老旧小区中老年人、亚健康和低收入群体比较多，本书中将对老年人和低收入相关群组之间以及内部的相关路径进行差异检验，从而探索特殊群体户外活动的空间需求。

2.2.1 儿童群体

对儿童群体的研究通过对家中有、无0～12岁儿童（如有，近一年内陪其到户外空间频率在3次/月以上）两个群组进行多群组分析，详细情况如下。

（1）空间对活动影响：在有儿童群组中，对活动频率有显著影响作用的是活动设施、可达性、辅助功能、景观设计和维护安全，其中活动设施和可达性为直接影响，辅助功能、景观设计和维护安全为间接影响。对活动时间有显著影响作用的是物理环境。在无儿童群组中，对活动频率有显著影响作用的是活动设施、辅助功能、景观设计和维护安全，其中活动设施为直接影响，辅助功能、景观设计和维护安全为间接影响。对活动时间有显著影响作用的是活动设施、景观设计和维护安全，其中活动设施为直接影响，后二者为间接影响（表2-2）。

有无儿童群组中各环境要素对户外活动的影响　　表2-2

环境要素	不同群组	直接影响		间接影响		总体影响	
		活动时间（日）	活动频率（次/月）	活动时间（日）	活动频率（次/月）	活动时间（日）	活动频率（次/月）
活动设施	有	0.162	0.172*	0.000	0.000	0.162	0.172*
	无	0.226*	0.279*	0.000	0.000	0.226*	0.279*
可达性	有	0.000	0.287*	0.000	0.000	0.000	0.287*
	无	0.000	0.113	0.000	0.000	0.000	0.113
物理环境	有	0.271*	0.000	0.000	0.000	0.271*	0.000
	无	0.056	0.000	0.000	0.000	0.056	0.000
辅助设施	有	0.000	0.000	0.072	0.065*	0.072	0.065*
	无	0.000	0.000	0.042	0.095*	0.042	0.095*
景观设计	有	0.000	0.000	0.055	0.220*	0.055	0.220*
	无	0.000	0.000	0.113*	0.217*	0.113*	0.217*
维护安全	有	0.000	0.000	0.058	0.187*	0.058	0.187*
	无	0.000	0.000	0.080*	0.154*	0.080*	0.154*

注：*为$p<0.05$。

（2）影响差异情况：有儿童群组中，对活动时间的影响，活动设施与物理环境存在显著差异，活动设施没有显著影响，而物理环境有显著影响。对活动频率的影响，活动设施与可达性存在显著差异，活动设施影响显著大于可达性。对物理环境的影响，辅助功能与维护安全存在显著差异，辅助功能影响显著小于维护安全。无儿童群组中，对物理环境的影响，辅助功能与维护安全存在显著差异，辅助功能有显著影响而维护安全没有显著影响（表2-3）。

有无儿童群组内部相关路径的系数差异临界比　　表 2-3

相关路径	差异临界比	
	有	无
活动时间←物理环境、活动设施	2.354*	1.123
活动频率←活动设施、可达性	−2.798**	−0.681
物理环境←辅助设施、景观设计	−0.204	−1.415
物理环境←辅助设施、维护安全	−2.705**	−3.457***
物理环境←景观设计、维护安全	0.294	−1.621
活动设施←辅助设施、景观设计	0.070	−0.017
活动设施←辅助设施、维护安全	−0.980	−0.799
活动设施←景观设计、维护安全	−1.723	−0.765
辅助设施←维护安全、景观设计	0.368	1.156

注：* 为 $p<0.05$；** 为 $p<0.01$；*** 为 $p<0.001$。

可达性对活动频率影响、景观设计对维护安全影响，有儿童群组与无儿童群组存在显著差异，前者影响都显著大于后者（表 2-4）。

有无儿童群组之间的路径系数差异临界比　　表 2-4

路径关系	差异临界比
活动时间←物理环境	1.400
活动频率←活动设施	−0.899
活动时间←活动设施	0.431
活动频率←可达性	2.328*
可达性←维护安全	−1.779
物理环境←辅助设施	−0.354
物理环境←景观设计	0.883
物理环境←维护安全	−1.457
活动设施←辅助设施	−0.291
活动设施←景观设计	−0.305
活动设施←维护安全	1.127
辅助设施←维护安全	0.516
辅助设施←景观设计	−1.233
维护安全←景观设计	−2.317*

注：* 为 $p<0.05$。

2.2.2　老人群体

对老年群体的研究通过两种方式进行，第一是以研究家中有无 65 岁以上老人（并近一年内陪其到户外空间频率在 3 次/月以上）进行多群组分析；第二是以年龄为调节变量重点对 65 岁及以上群组进行多群组分析。本次研究通过两种分析方法得出结论综合分析老年群体中环境要素对户外活动的影响。

（1）空间对活动影响：在有老人群组中，对活动频率有显著影响作用的是活动设施、可达性、辅助设施、景观设计和维护安全，其中活动设施和可达性为直接影响，辅助设施、景观设计和维护安全为间接影响。对活动时间有显著影响作用的是活动设施和物理环境，均为直接影响。在无老人群组中，对活动频率有显著影响作用的是活动设施、辅助设施、景观设计和维护安全，其中活动设施为直接影响，辅助设施、景观设计和维护安全为间接影响。各要素对活动时间未见显著影响作用（表 2-5）。

有无老人群组中各环境要素对户外活动的影响　　表 2-5

环境要素	不同群组	直接影响		间接影响		总体影响	
		活动时间（日）	活动频率（次/月）	活动时间（日）	活动频率（次/月）	活动时间（日）	活动频率（次/月）
活动设施	有	0.248*	0.104	0.000	0.000	0.248*	0.104
	无	0.164	0.387*	0.000	0.000	0.164	0.387*
可达性	有	0.000	0.211*	0.000	0.000	0.000	0.211*
	无	0.000	0.122	0.000	0.000	0.000	0.122
物理环境	有	0.211*	0.000	0.000	0.000	0.211*	0.000
	无	0.122	0.000	0.000	0.000	0.122	0.000
辅助设施	有	0.000	0.000	0.012	0.056*	0.012	0.056*
	无	0.000	0.000	0.032	0.097*	0.032	0.097*
景观设计	有	0.000	0.000	0.045	0.134*	0.045	0.134*
	无	0.000	0.000	0.029	0.324*	0.029	0.324*
维护安全	有	0.000	0.000	0.012	0.118*	0.012	0.118*
	无	0.000	0.000	0.068	0.218*	0.068	0.218*

注：* 为 $p<0.05$。

在年龄 65 岁及以上群体中，对活动频率有显著影响作用的是活动设施和景观设计，其中活动设施为直接影响，景观设计为间接影响。对活动时间有显著影响的是物理环境（表 2-6）。

大于等于 65 岁群组中各环境要素对户外活动的影响　　表 2-6

环境要素	直接影响		间接影响		总体影响	
	活动时间（日）	活动频率（次/月）	活动时间（日）	活动频率（次/月）	活动时间（日）	活动频率（次/月）
活动设施	0.406	0.658*	0.000	0.000	0.406	0.658*
可达性	0.000	0.014	0.000	0.000	0.000	0.014
物理环境	0.475*	0.000	0.000	0.000	0.475*	0.000
辅助功能	0.000	0.000	0.139	0.102	0.139	0.102
景观设计	0.000	0.000	0.032	0.507*	0.032	0.507*
维护安全	0.000	0.000	0.116	0.052	0.116	0.052

注：* 为 $p<0.05$。

（2）影响差异情况：有老人群组中，对活动时间的影响，活动设施与物理环境存在显著差异，前者影响显著小于后者。对活动频率的影响，活动设施与可达性存在显著差异，前者影响不显著而后者显著。对物理环境的影响，辅助设施与景观设计存在显著差异，辅助设施有显著影响，而景观设计没有显著影响。对活动设施的影响，辅助设施与维护安全存在显著差异，前者影响显著大于后者。无老人群组中，对物理环境的影响，维护安全与辅助设施、景观设计分别存在显著差异，维护安全没有显著影响，而后二者有显著影响。对辅助设施影响，景观设计与维护安全存在显著差异，前者影响显著大于后者（表 2-7）。

有无老人群组内部相关路径的系数差异临界比　　表 2-7

相关路径	差异临界比	
	有	无
活动时间←物理环境、活动设施	2.694**	1.265
活动频率←活动设施、可达性	−2.385*	−0.469
物理环境←辅助设施、景观设计	−2.694**	−0.869
物理环境←辅助设施、维护安全	−1.498	−5.423***
物理环境←景观设计、维护安全	1.695	−3.858***
活动设施←辅助设施、景观设计	−0.863	0.721
活动设施←辅助设施、维护安全	−2.309*	0.270
活动设施←景观设计、维护安全	−1.032	−0.626
辅助设施←维护安全、景观设计	1.357	2.529*

注：* 为 $p<0.05$；** 为 $p<0.01$；*** 为 $p<0.001$。

大于等于 65 岁群组中，物理环境和活动设施对活动时间的影响存在显著差异，活动设施影响不显著而物理环境影响显著，活动设施和可达性对活动频率影响差异显著，前者影响显著而后者不显著（表 2-8）。

大于等于 65 岁群组内部相关路径的系数差异临界比　　表 2-8

相关路径	差异临界比
活动时间←物理环境、活动设施	2.453*
活动频率←活动设施、可达性	1.965*
物理环境←辅助功能、景观设计	0.078
物理环境←辅助功能、维护安全	−1.354
物理环境←景观设计、维护安全	−0.889
活动设施←辅助功能、景观设计	1.786
活动设施←辅助功能、维护安全	−0.518
活动设施←景观设计、维护安全	−2.059*
辅助功能←维护安全、景观设计	0.585

注：* 为 $p<0.05$；未达显著性的直接列出 p 值大小。

活动设施对活动频率影响，有老人群组与无老人群组存在显著差异，前者影响显著而后者不显著。景观设计对物理环境影响，两组存在显著差异，前者影响不显著而后者显著。维护安全对物理环境影响，两组存在显著差异，前者影响显著而后者不显著。维护安全对活动设施影响，两组存在显著差异，前者影响显著小于后者。景观设计对维护安全影响，两组存在显著差异，前者影响显著大于后者（表 2-9）。

有无老人群组之间的路径系数差异临界比　　表 2-9

路径关系	差异临界比
活动时间←物理环境	0.670
活动频率←活动设施	−2.252*
活动时间←活动设施	−0.882
活动频率←可达性	0.664
可达性←维护安全	0.274
物理环境←辅助设施	1.514
物理环境←景观设计	2.947**
物理环境←维护安全	−4.202***
活动设施←辅助设施	−0.938
活动设施←景观设计	0.921
活动设施←维护安全	1.919*
辅助设施←维护安全	−1.562
辅助设施←景观设计	0.541
维护安全←景观设计	−2.145*

注：* 为 $p<0.05$；** 为 $p<0.01$；*** 为 $p<0.001$。

物理环境对活动时间的影响，大于等于 65 岁群组有显著影响且影响较大。景观设计对活动设施影响，大于等于 65 岁群组影响显著大于 19～35 岁和 36～50 岁群组。景观设计对维护安全影响，大于等于 65 岁群组影响显著大于 13～18 岁和 19～35 岁群组（表 2-10）。

大于等于 65 岁群组与其他年龄群组之间的路径系数差异临界比　　表 2-10

路径关系	差异临界比			
	13～18←→≥65	19～35←→≥65	36～50←→≥65	51～65←→≥65
活动时间←物理环境	−2.012*	−2.006*	1.132	−0.939
活动频率←活动设施	−0.692	−0.565	−1.213	−1.400
活动时间←活动设施	0.162	1.696	−1.248	1.280
活动频率←可达性	0.503	1.078	1.258	1.348
可达性←维护安全	1.775	1.964*	1.597	0.283
物理环境←辅助功能	0.195	−0.326	−0.459	0.745
物理环境←景观设计	−0.058	1.332	0.855	0.470
物理环境←维护安全	1.406	0.044	0.088	−0.368
活动设施←辅助功能	−0.219	−0.925	−1.518	−0.092
活动设施←景观设计	1.835	2.034*	1.994*	1.771
活动设施←维护安全	−2.057*	−0.517	−1.253	−1.123
辅助功能←维护安全	0.171	−0.881	−0.345	−0.366
辅助功能←景观设计	0.423	−0.004	0.149	−0.190
维护安全←景观设计	2.604**	2.383*	1.880	1.676

注：* 为 $p<0.05$；** 为 $p<0.01$。

2.2.3　健康较差群体

通过分别查看健康状况属于良好、一般和较差三个群组模型的路径系数及其显著性，可以看出不同健康状况使用者不同的影响情况。

1. 空间对活动影响

在健康状况较差群体中，对活动频率有显著影响作用的是活动设施和景观设计，各环境要素对活动时间未见显著影响（表 2-11）。

不同健康状况群组中各环境要素对户外活动的影响　　表 2-11

环境要素	不同群组	直接影响		间接影响		总体影响	
		活动时间（日）	活动频率（次/月）	活动时间（日）	活动频率（次/月）	活动时间（日）	活动频率（次/月）
活动设施	良好	0.285*	0.206*	0.000	0.000	0.285*	0.206*
	一般	0.129	0.159	0.000	0.000	0.129	0.159*
	较差	0.201	0.196*	0.000	0.000	0.201	0.196*
可达性	良好	0.000	0.171*	0.000	0.000	0.000	0.171*
	一般	0.000	0.263*	0.000	0.000	0.000	0.263*
	较差	0.000	0.182	0.000	0.000	0.000	0.182
物理环境	良好	0.204*	0.000	0.000	0.000	0.204*	0.000
	一般	0.178	0.000	0.000	0.000	0.178	0.000
	较差	0.161	0.000	0.000	0.000	0.161	0.000
辅助设施	良好	0.000	0.000	0.016	0.080*	0.016	0.080*
	一般	0.000	0.000	0.034	0.062*	0.034	0.062*
	较差	0.000	0.000	0.021	0.083	0.021	0.083
景观设计	良好	0.000	0.000	0.060	0.190*	0.060	0.190*
	一般	0.000	0.000	0.012	0.202*	0.012	0.202*
	较差	0.000	0.000	0.061	0.357*	0.061	0.357*
维护安全	良好	0.000	0.000	0.076	0.169*	0.076	0.169*
	一般	0.000	0.000	0.029	0.141*	0.029	0.141*
	较差	0.000	0.000	0.025	0.159	0.025	0.159

注：* 为 $p<0.05$。

在健康状况较差群组中，辅助设施对物理环境、维护安全对物理环境、景观设计对活动设施、景观设计对辅助设施、景观设计对维护安全影响显著，其余路径影响均不显著（表 2-12）。

不同健康状况群组的路径系数及显著性　　表 2-12

路径关系	良好		一般		较差	
	路径系数	显著性（p 值）	路径系数	显著性（p 值）	路径系数	显著性（p 值）
可达性←维护安全	0.360	***	0.247	*	0.196	0.564
物理环境←辅助设施	0.550	***	0.386	***	0.397	*
物理环境←景观设计	0.212	**	0.130	0.173	0.090	0.647
物理环境←维护安全	0.038	0.611	0.260	**	0.465	**
活动设施←辅助设施	0.339	***	0.266	**	0.214	0.146
活动设施←景观设计	0.208	**	0.350	***	0.521	**
活动设施←维护安全	0.315	***	0.230	**	0.270	0.056
辅助设施←维护安全	0.411	***	0.358	***	0.222	0.303
辅助设施←景观设计	0.373	***	0.435	***	0.558	*
维护安全←景观设计	0.658	***	0.665	***	0.680	***

注：* 为 $p<0.05$；** 为 $p<0.01$；*** 为 $p<0.001$；未达显著性的直接列出 p 值大小。

2. 影响差异情况

健康状况较差群组中，对活动设施的影响，维护安全与景观设计存在显著差异，前者没有显著影响，而后者有显著影响（表 2-13）。

不同健康状况群组内部相关路径的系数差异临界比　　表 2-13

相关路径	差异临界比		
	良好	一般	较差
活动时间←物理环境、活动设施	2.544*	1.676	0.463
活动频率←活动设施、可达性	−1.494	−2.287*	−0.435
物理环境←辅助设施、景观设计	−2.135*	−1.465	−0.679
物理环境←辅助设施、维护安全	−4.837***	−1.604	−0.538
物理环境←景观设计、维护安全	−1.879	0.248	0.445
活动设施←辅助设施、景观设计	−0.650	0.735	1.582
活动设施←辅助设施、维护安全	−1.059	−0.921	−0.294
活动设施←景观设计、维护安全	−0.209	−1.715	−2.090*
辅助设施←维护安全、景观设计	1.234	1.718	1.628

注：* 为 $p<0.05$；*** 为 $p<0.001$。

另外，景观设计对活动设施影响，健康状况良好与较差群组存在显著差异，后者影响显著大于前者（表 2-14）。

不同健康状况群组之间的路径系数差异临界比　　表 2-14

路径关系	差异临界比		
	良好←→一般	良好←→较差	一般←→较差
活动时间←物理环境	0.148	−0.074	−0.110
活动频率←活动设施	0.283	−0.733	−0.864
活动时间←活动设施	−0.936	−0.211	0.154
活动频率←可达性	−0.846	0.034	0.522

续表

路径关系	差异临界比		
	良好←→一般	良好←→较差	一般←→较差
可达性←维护安全	0.831	−0.463	−0.143
物理环境←辅助设施	0.911	−1.606	−0.768
物理环境←景观设计	0.683	−0.722	−0.265
物理环境←维护安全	1.905	1.899	0.095
活动设施←辅助设施	−0.527	−0.512	−0.174
活动设施←景观设计	1.079	2.142*	1.591
活动设施←维护安全	−0.828	−0.426	0.174
辅助设施←维护安全	−0.744	−1.229	−0.807
辅助设施←景观设计	0.124	1.034	0.982
维护安全←景观设计	−0.298	1.227	1.323

注：* 为 $p<0.05$。

2.2.4　低收入群体

通过分别查看收入（皆指每月）属于小于 2000 元、2000～5000 元和 5000～8000 元三个群组模型的路径系数及其显著性，可以看出不同收入使用者不同的影响情况。

1. 空间对活动影响

各环境要素对户外活动的影响结果见表 2-15，在收入小于 2000 元群体中，对活动频率和活动时间有显著影响作用的均是活动设施、辅助功能、景观设计和维护安全，其中活动设施为直接影响，辅助功能、景观设计和维护安全为间接影响（表 2-15）。

不同收入群组中各环境要素对户外活动的影响　　表 2-15

环境要素	不同收入群组（元）	直接影响		间接影响		总体影响	
		活动时间（日）	活动频率（次/月）	活动时间（日）	活动频率（次/月）	活动时间（日）	活动频率（次/月）
活动设施	<2000	0.364*	0.309*	0.000	0.000	0.364*	0.309*
	2000～5000	0.129	0.199*	0.000	0.000	0.129	0.199*
	5000～8000	0.175	0.025	0.000	0.000	0.175	0.025
可达性	<2000	0.000	0.085	0.000	0.000	0.000	0.085
	2000～5000	0.000	0.236*	0.000	0.000	0.000	0.236*
	5000～8000	0.000	0.054	0.000	0.000	0.000	0.054
物理环境	<2000	0.049	0.000	0.000	0.000	0.049	0.000
	2000～5000	0.314*	0.000	0.000	0.000	0.314*	0.000
	5000～8000	0.237*	0.000	0.000	0.000	0.237*	0.000
辅助功能	<2000	0.000	0.000	0.081*	0.090*	0.081*	0.090*
	2000～5000	0.000	0.000	0.066	0.082*	0.066	0.082*
	5000～8000	0.000	0.000	0.009	0.004	0.009	0.004

续表

环境要素	不同收入群组（元）	直接影响		间接影响		总体影响	
		活动时间（日）	活动频率（次/月）	活动时间（日）	活动频率（次/月）	活动时间（日）	活动频率（次/月）
景观设计	＜2000	0.000	0.000	0.218*	0.243*	0.218*	0.243*
	2000～5000	0.000	0.000	0.044	0.218*	0.044	0.218*
	5000～8000	0.000	0.000	0.074	0.033	0.074	0.033
维护安全	＜2000	0.000	0.000	0.124*	0.144*	0.124*	0.144*
	2000～5000	0.000	0.000	0.014	0.171*	0.014	0.171*
	5000～8000	0.000	0.000	0.011	0.037	0.011	0.037

注：* 为 $p<0.05$。

各环境要素之间的影响见表 2-16，在收入小于 2000 元群组中，物理环境受辅助功能和景观设计影响，活动设施受辅助功能、景观设计和维护安全的影响，辅助功能受维护安全和景观设计的影响，维护安全受景观设计影响。

不同收入状况群组的路径系数及显著性　　表 2-16

路径关系	＜2000		2000～5000		5000～8000	
	路径系数	显著性（p 值）	路径系数	显著性（p 值）	路径系数	显著性（p 值）
可达性←维护安全	0.197	0.077	0.329	***	0.458	*
物理环境←辅助功能	0.280	**	0.515	***	0.590	***
物理环境←景观设计	0.293	**	0.201	**	0.173	0.094
物理环境←维护安全	0.160	0.129	0.087	0.256	0.488	***
活动设施←辅助功能	0.262	**	0.340	***	0.317	0.050
活动设施←景观设计	0.314	***	0.277	***	0.279	*
活动设施←维护安全	0.308	***	0.246	***	0.302	0.052
辅助功能←维护安全	0.244	*	0.413	***	0.546	***
辅助功能←景观设计	0.459	***	0.406	***	0.329	*
维护安全←景观设计	0.655	***	0.694	***	0.653	***

注：* 为 $p<0.05$；** 为 $p<0.01$；*** 为 $p<0.001$；未达显著性的直接列出 p 值大小。

2. 影响差异情况

活动设施对活动时间影响，小于 2000 元与 2000～5000 元、5000～8000 元群组存在显著差异，前者有显著影响，后二者无显著影响。

景观设计对物理环境影响，5000～8000 元与小于 2000 元、2000～5000 元群组分别存在显著差异，前者无显著影响，而后二者有显著影响。

维护安全对物理环境影响，小于 2000 元与 5000～8000 元群组存在显著差异，前者影响显著小于后者。

维护安全对辅助功能的影响，5000～8000 元群组与小于 2000 元、2000～5000 元群组分别存在显著差异，前者有显著影响且影响最大（表 2-17）。

不同收入状况群组之间的路径系数差异临界比（元）　　表 2-17

路径关系	差异临界比		
	<2000←→2000～5000	<2000←→5000～8000	2000～5000←→5000～8000
活动时间←物理环境	−0.891	−0.314	0.126
活动频率←活动设施	0.611	1.277	0.911
活动时间←活动设施	−2.457*	−1.965*	0.023
活动频率←可达性	−1.195	0.235	1.233
可达性←维护安全	1.013	1.151	0.614
物理环境←辅助功能	2.355*	1.81	−0.288
物理环境←景观设计	−0.213	−2.942**	−2.895**
物理环境←维护安全	−0.308	1.320	2.627**
活动设施←辅助功能	0.183	−0.135	−0.286
活动设施←景观设计	−0.497	−0.063	0.281
活动设施←维护安全	−0.674	−0.191	0.276
辅助功能←维护安全	1.783	2.819**	2.057*
辅助功能←景观设计	−0.030	0.049	0.071
维护安全←景观设计	0.278	0.737	0.617

注：* 为 $p<0.05$；** 为 $p<0.01$。

第3章

老旧小区户外空间改造策略

3.1 场地空间改造

如前所述，当前老旧小区户外场地空间存在运动活动区受限、休憩活动设施缺乏、大广场缺少细节设计等问题（图 3-1）。本章根据前述研究探索老旧小区场地空间设计策略，包括人性化设计、节地性设计和设计实例三部分。

(a) (b) (c)

图 3-1 老旧小区场地空间示例

3.1.1 人性化场地设计

（1）国外设计实例：很多老旧小区没有中心广场，用地紧张、设施较少，在一些老旧小区还存在维护差、卫生条件差等缺点，但这类空间也具有与居住空间联系紧密、方便照看活动儿童和老人的优点，是居民日常活动的主要场所之一。

图 3-2 为国外某居住区内部宅前场地空间设计实例。

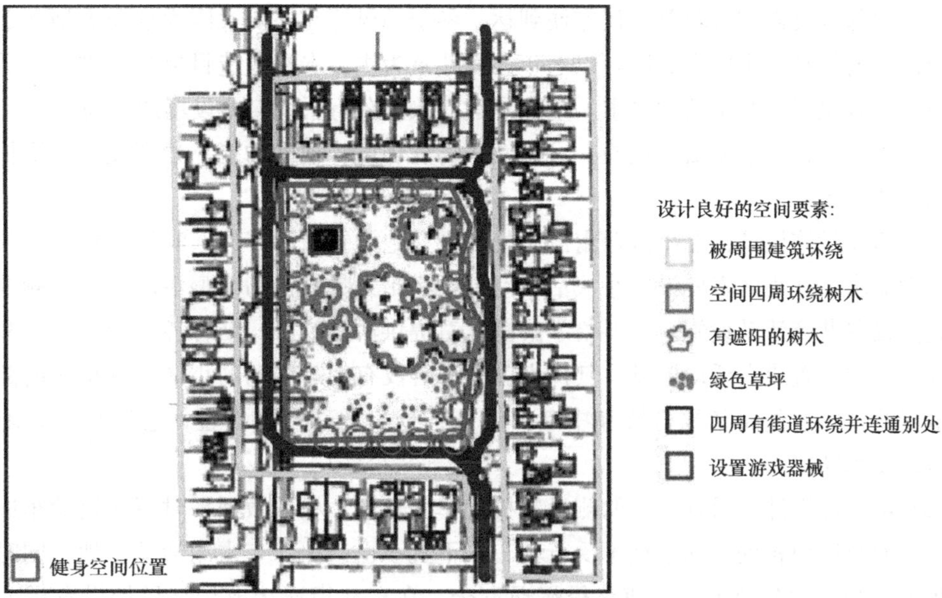
设计良好的空间要素:
被周围建筑环绕
空间四周环绕树木
有遮阳的树木
绿色草坪
四周有街道环绕并连通别处
设置游戏器械
健身空间位置

图 3-2　国外小区场地空间设计实例

西澳大学教授 Billie Giles-Corti 研究认为，该空间设计可以很好地促进周围居民活动。如：空间被周围建筑环绕，形成良好围合空间；四周房子都朝向空间，绝大多数建筑内部有良好视线观看活动，既便于活动欣赏也便于对活动儿童等的照看；空间四周环绕树木，隔绝噪声、围合空间；空间内部有遮阳树木，提供良好物理环境；设置绿色草坪，美化空间、促进草坪上活动；空间四周街道环绕并连通别处，形成更大范围的良好可达性；空间内设置儿童游戏器械，满足小龄儿童活动需求。

国外这类空间设计重视空间围合感、重视周围建筑与公园活动的视线交流、关注街道连通性、绿植景观和良好物理环境。虽然国内外居住空间在空间尺度和空间机理方面有所不同，但我国居住小区内部场地空间的设计应借鉴其空间围合、视线交流、绿植景观、良好物理环境等特点。

(2) 国内设计实例：本书选取哈尔滨某小区作为实例，调查居民对各类场地设施的满意度（图 3-3）。根据评价结果可知：小区绝大多数指标分值低于一般水平或处于评价较差

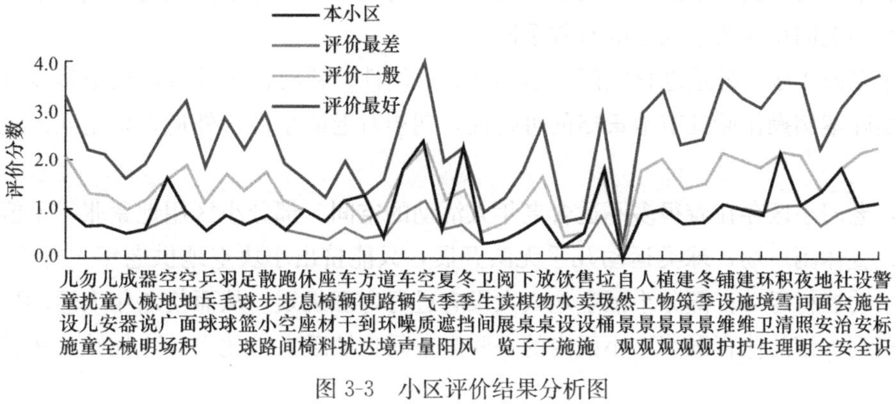
本小区
评价最差
评价一般
评价最好
评价分数
4.0
3.0
2.0
1.0
0.0
儿童设施
勿扰儿童
儿童安全
成人器械
器械说明
空地广场
空地面积
乒乓球
羽毛球
足球篮球
散步小路
跑步空间
休息座椅
座椅材料
车辆干扰
方便到达
道路环境
车辆噪声
空气质量
夏季遮阳
冬季挡风
卫生间
阅读展览
下棋桌子
放物桌子
饮水设施
售卖设施
垃圾桶
自然景观
人工景观
植物景观
建筑景观
冬季景观
铺设维护
建施维护
环境卫生
积雪清理
夜间照明
地面安全
社会治安
设施安全
警告标识

图 3-3 彩图

图 3-3　小区评价结果分析图

状态，其大部分要素配置较差。仅方便到达、冬季挡风等几项要素因为空间类型和建筑特点原因而分值较高。小区内居民，以老年人和儿童为主。本次改造目标为提供一定活动设施和场地，满足居民基本活动需求。重点是建立人车分行系统，增设场地空间。

宣西小区设计对策从活动设施、可达性、物理环境、辅助功能、景观设计、维护安全几方面阐述如下：

（1）活动设施设计：在小区西南侧一处较大空地设置活动广场，满足人数较多的广场舞等活动需求。在小区多处设置小块活动空地，满足人数较少的小型活动。在东侧两处较大空间内设置儿童活动设施，主要给学龄前儿童提供活动场所。结合各处活动空地和儿童活动场地分散设置成人活动器械，其优点就是适合没有中心广场的小区。在小区内部布置环形散步路径，避免路径被打扰和中断。结合各处空地和设施设置休息座椅，并配置桌子，考虑棋牌功能。

（2）可达性设计：沿宣礼街两侧设置机动车停车场，尽量做到平时不让机动车进入小区内部，使小区内各处活动空地不受行驶车辆干扰，也避免停车占用活动空地。同时，保障散步道不受行驶车辆干扰，使路径畅通安全。在宣礼街连接散步路径处设置行人斑马线，保障散步路径安全。

（3）物理环境设计：宣西小区为围合式院落空间，冬季挡风环境较好。下一步可以结合各处活动空地种植遮阳树木，并通过机动车辆管理、卫生管理等措施保障空气质量、控制车辆噪声。

（4）辅助功能设计：结合各处活动空地设置足够垃圾桶，保持环境卫生。平时加强卫生管理，维持良好活动环境。

（5）景观设计：原有绿化树木较少，建议结合现状设置树木为主的绿化景观，并考虑全年的观赏性。

（6）维护安全设计：在各活动场地，设置足够的夜间照明，保证夜晚活动安全进行。同时，加强维护，注意环境卫生，保持场所卫生、安全。

3.1.2 节约性场地设计

老旧小区建造时间早、建筑密度较大、用地紧张、运动器械也大多损坏，有限的运动空间已经无法满足居民社区养老的生活需求，以节地性为准则对户外空间进行改造，是解决当下用地紧张的老旧小区改造问题的有效手段。

本章探讨了老旧小区户外适老化空间在节约性、通用性、错时使用等方面的节地设计策略，并通过实际案例操作验证节地策略的可行性，期望对老旧小区户外适老化空间改造设计提供指导。

如前所述，老旧小区存在着很多不适合老年人活动的空间。部分小区用地紧张，不能拿出一块土地设置休闲广场，球类运动几乎无法开展，只能挤出小块空地供老年人打牌、下棋或者利用活动器材运动；部分小区空地太大没有进行合理规划，从而使老年人运动形式单一，不能得到丰富的体育锻炼，小区内的一些微空间也缺乏人性化设计，如缺少休息座椅等。

针对老旧小区适老化空间现状，本书通过节约性设计策略（表 3-1）、通用性设计策略、错时使用策略来进行适老化节地性改造，创造一个合理、舒适的户外养老空间。

节地性设计策略示意表　　**表 3-1**

运动形式	人数	占地面积	场地设施及特点	空间形态	立面尺度（图中数字以“m”为单位）	平面尺度
散步	2 人（大人）	1.5m（宽度）	需要干净且空气较好的场地，场地可以围绕花坛、小广场、住宅楼、车行道附近	线状	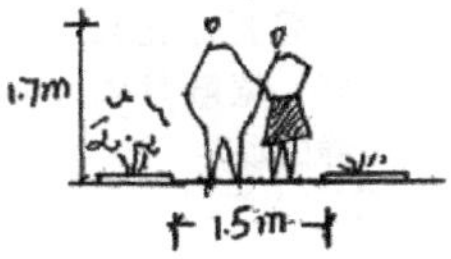 1.7m 1.5m	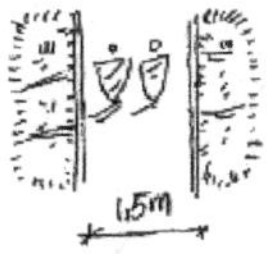 1.5m
	2 人（大人与小孩）	1.1m（宽度）			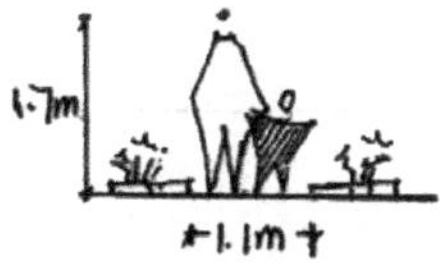 1.7m 1.1m	 1.1m
	1 人（遛狗、遛鸟）	1.2m（宽度）			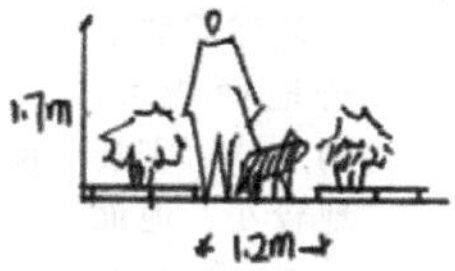 1.7m 1.2m	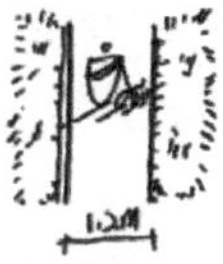 1.2m
	1 人（带助行器）	0.9m（宽度）			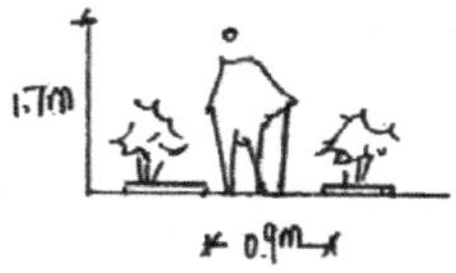 1.7m 0.9m	 0.9m
利用活动器材锻炼	—	5m（宽度）	有运动器材，运动器材单独占地，空间围合强	线状	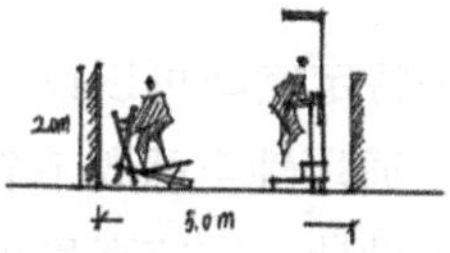 2.0m 5.0m	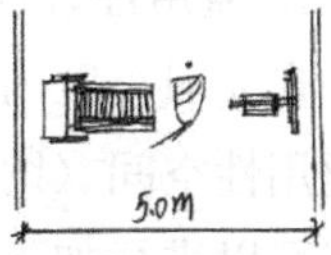 5.0m
买菜、取快递	1 人（带菜篮）	1m（宽度）	道路便捷、安全	线状	 1.7m 1.0m	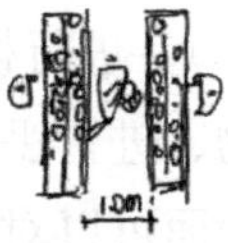 1.0m
送儿童上学	2～3 人	2.5m（宽度）	场地地面平整、道路安全	线状	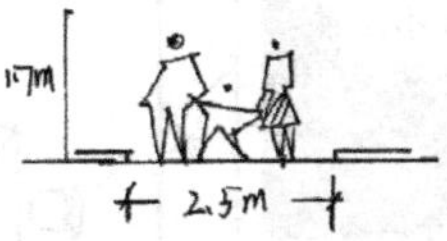 1.7m 2.5m	 2.5m
体操、广场舞	10 人以上	$100m^2$	需要的场地面积稍大，场地地面平整、开阔、功能多，具有公共性	面状	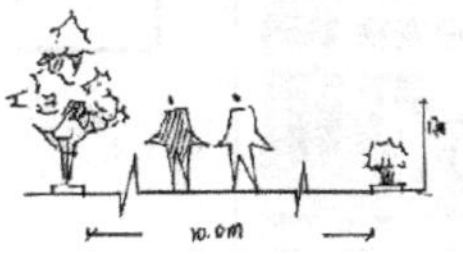 10.0m	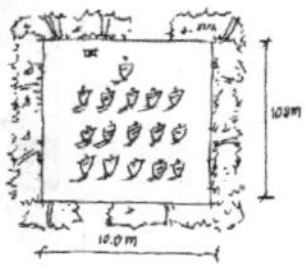 10.0m 10.0m

续表

运动形式	人数	占地面积	场地设施及特点	空间形态	立面尺度（图中数字以“m”为单位）	平面尺度
射箭、太极拳、练剑	1 人	$3m^2$	需要绿化较好、宽敞且安静的场地	面状	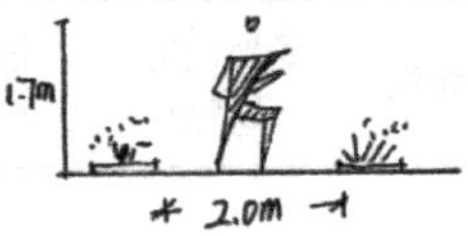1.7m 2.0m	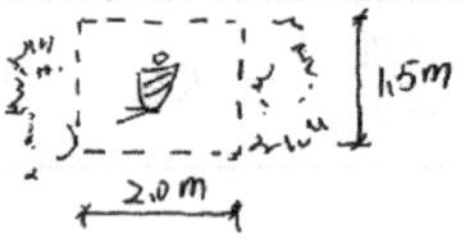1.5m 2.0m
	N 人	$3m^2$			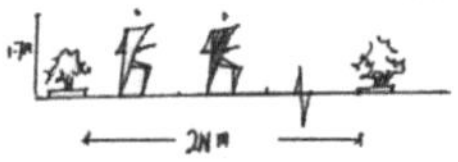	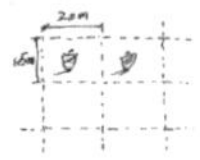
打球（篮球、羽毛球）	（篮球）5 人以下	$210m^2$	篮球需要的场地面积大，羽毛球所需场地较小，地面采用塑胶地面	面状	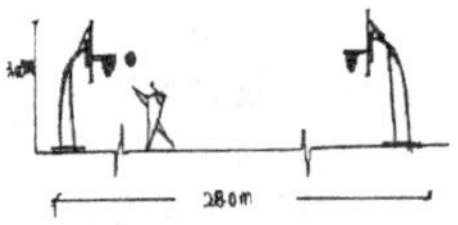	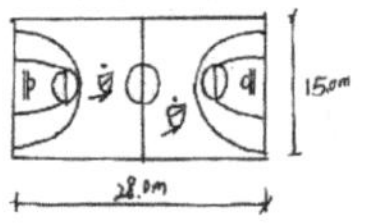
	（羽毛球）2～9 人	$18m^2$				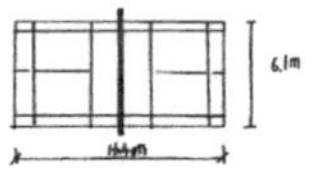

1. 通用性设计策略

在老旧小区内的某一特定空间可以设置多种活动类型，让这一空间具有多种用途，成为通用性空间（图 3-4）。通用性空间既节省土地，又为居民提供多种享受。针对小区内的凉亭可以进行如下的通用设计，在凉亭里可以放置防腐木质折叠桌椅，提供给老旧小区居民进行棋牌娱乐，当想进行其他活动（如：人数少的跳舞、太极）时桌椅可贴墙而立（图 3-5）。进行棋牌娱乐时凉亭的空余空间可以供老年人休闲聊天、演奏乐器、照看小孩、遛宠物、进行手工制作（织毛衣等）。在凉亭的地面和沿路可铺设鹅卵石，鹅卵石以其凸起的表面可以对脚底起到按摩的作用（图 3-6）。

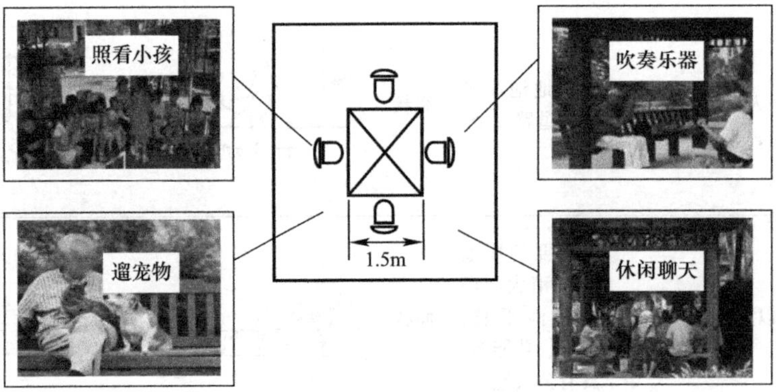
照看小孩
吹奏乐器
遛宠物
休闲聊天
1.5m

图 3-4　在凉亭内进行多项休闲活动图示

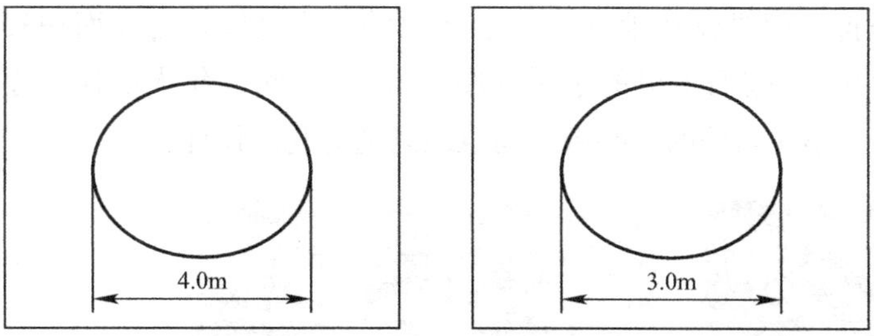
4.0m
3.0m

(a) 两个人一起跳舞所占空间图　　(b) 一个人跳舞所占空间图

图 3-5　在凉亭内跳舞空间图

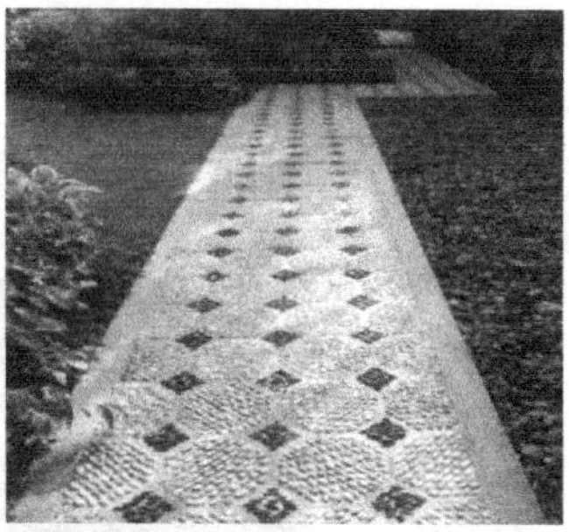

图 3-6　铺设鹅卵石道路图

2. 错时使用策略

目前老旧小区极度缺乏运动空间，同一公共空间不同时段的功能复合可以极大提高土地的利用率，丰富居民的运动生活。经过调研发现，一些老旧小区中老年人的运动时间和运动类型的确有一定规律，所以功能复合型的设计显得十分有效。由于佳木斯市地处东北地区，冬季寒冷漫长，且夜长昼短，夏季相对于其他季节太阳升得早落得晚，居民们在一天中有更多的时间去运动。本书对老旧小区内一些空旷无安排的大场地夏季的一天使用情况进行调研，发现在一天的 3：00 到 20：00 都有较多的人在大场地自由安排运动，在 20：00 之后相对无人运动，为提高土地的利用率，缓解停车压力，可将私家车停放在这种大场地，在第二天早上 3：00 之前开走为居民留出运动空间即可（图 3-7）。

3:00–5:00	5:00–8:00	8:00–11:00	11:00–14:00	14:00–17:00	17:00–20:00	20:00–3:00
散步 休闲聊天 打太极 跳舞 (6人以下) 健身器材 练剑	散步 休闲聊天 打太极 跳舞 (6人以下) 健身器材	散步 晒太阳 休闲聊天 打太极 健身器材 棋牌娱乐 毛笔字 看小孩	散步 晒太阳 休闲聊天 打太极 健身器材 棋牌娱乐 晾晒被子 晾晒蔬菜干 看小孩	散步 晒太阳 休闲聊天 打太极 健身器材 棋牌娱乐 看小孩	散步 休闲聊天 跳舞 (6人以下) 健身器材 广场舞 (多人)	停车

图 3-7　大场地错时使用情况图

3.1.3　改造设计实例

本书选取佳木斯东风区某小区为例，阐释场地空间改造策略。

1. 小区概况及现状问题

东方花园小区是一个老旧小区，位于佳木斯市东风区中心位置，光复路以南，长胜路以东，建国路以西。地理环境十分优越（图 3-8a），小区外部临靠蔬菜市场、东风区最大超市，紧挨雪松小学及雪松小学幼儿园，周边还有一些养老机构，小区内部还有快递超市，为居民的生活提供了许多便利。

东方花园适老化节地性户外空间也存在许多问题，小区内共有 27 栋楼房，最高 8 层最低 6 层，建筑密度较大，4 号楼与 A1 号楼之间（图 3-8b）是被高建筑围成的 C 形空间，在这种高密度空间运动，十分压抑，很难愉快地活动。小区内的中央公园，占地面积较大，没有进行合理的规划（图 3-8c）。破旧不堪的亭子（图 3-8d），影响老年人的休闲娱乐，甚至威胁老年人的身体健康。小区内外的一些微空间也缺乏适老化的设计。

(a) (b) (c) (d)

图 3-8　东方花园小区户外空间现状图

2. 节地性改造设计

（1）节约性策略

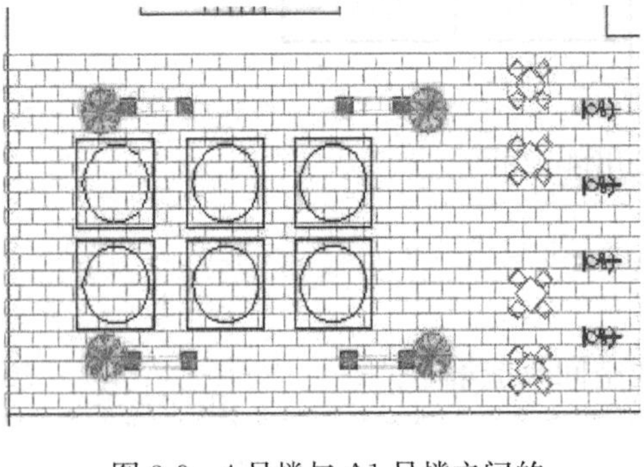

图 3-9　4 号楼与 A1 号楼之间的空间节地性设计图

针对东方花园内的部分户外运动空间采取节约性设计，如：4 号楼与 A1 号楼之间的高建筑密度空间，为缓解压抑的心情，进行适当的绿化设计，在运动场地上增添适老化的活动器材和休息桌椅，采用节约性设计，设计最小化的太极、球类等运动空间如图 3-9 所示。小区内的中央公园，占地面积较大，在广场的边缘设置两个人的散步道，增添座椅、活动器材、配套棋牌类桌椅如图 3-10 所示。20 号楼西侧的音乐活动广场面积较大，为小区居民设置多个最小化的广场舞空间如图 3-11 所示。

节约性策略，丰富了运动类型，提高了老年人生活的舒适度，也为东方花园小区养老减轻了压力。

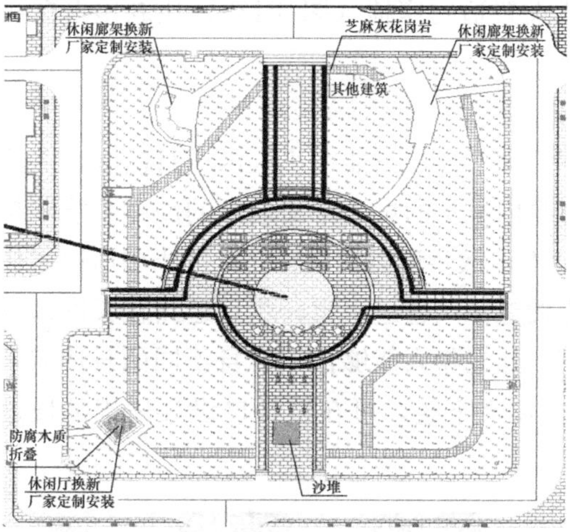
休闲廊架换新
厂家定制安装
芝麻灰花岗岩
休闲廊架换新
厂家定制安装
其他建筑
防腐木质
折叠
休闲厅换新
厂家定制安装
沙堆

图 3-10 中央公园节地性设计图

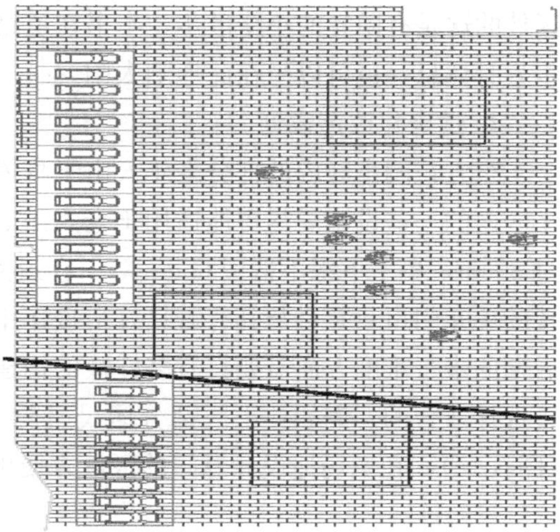

图 3-11 20 号楼西侧的音乐活动广场节地性设计图

(2) 通用性策略

小区内的亭子破旧不堪，需要更换，单一的运动项目不能体现亭子的价值，通用性设计可以很好地改善这种现状。在亭子固有的座位上添加按摩功能，凉亭里可以放置防腐木质折叠桌椅，进行棋牌娱乐，当想进行其他活动（跳舞、太极）时桌椅可贴墙而立。在凉亭的地面和沿路可铺设鹅卵石，也起到按摩的作用。

通用性策略，将多项户外运动复合在一起一定程度上节约了小区用地。

(3) 错时使用策略

错时使用策略可以更好地解决中央公园空旷大广场的使用问题，分析调研数据后，对夏季大广场进行如下安排：一天中的 3 点～20 点小区居民在广场上进行户外运动，20 点以后到次日 3 点用于小区停车。在大广场规划设计上，考虑到老人经常会帮助子女照顾小孩，可将老人的运动空间结合儿童游戏设施，同时保证老人和小孩的视线联系。儿童游戏设施要与活动器械保持距离，避免儿童玩耍撞到老人。

错时使用策略，提高了土地利用率，有效缓解了东方花园小区停车难问题。

3. 小区微空间改造设计

小区的 22 号楼南侧违建拆除后铺道板，边界设铁艺围栏，形成空旷活动区，为高密度小区提供稀有的阳光活动场地（图 3-12），在实地踏勘小区时发现老年人喜欢下午在小

图 3-12 小区 22 号楼南侧改造前（左）改造后（右）

区外的这条有阳光的小路散步，本书在道路沿线设置适宜座椅（图 3-13），让老年人在散步累时休息，也可以坐在此地晒太阳。

4. 适老化改造设计

东方花园小区内的部分老年人由于身体原因行动不便，只能在小区内进行活动，因此小区内的一些设施要尽可能适用于老人，如：凉亭内桌子的桌面距离地面的高度不能够超过 80cm，桌子下缘不低于 65cm 等。在道路设计上，散步道需要设置在社区当中居民居住楼的单元门口，并且与其有着良好衔接作用，方便老年人进进出出；步行道路在长度以及后期的步行难度方面需要具有多样性的构建原则，让老年人能够依据自身不同的身体需求去选择适合的。例如：小区部分居民坐轮椅不方便上下楼，可在楼梯口设计适当的坡道（图 3-14），在空场地设计专门的区域方便出行。

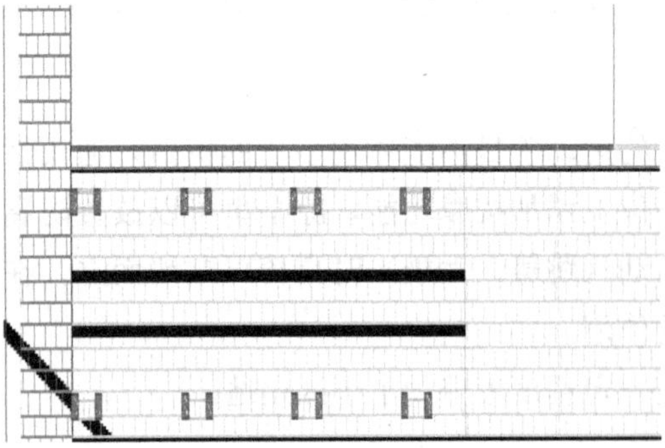

图 3-13　道路沿线设计座椅图

图 3-14　便捷的通道图示

3.2　老旧小区景观空间改造

3.2.1　居民生活与景观更新

老旧小区居民大多数为老年人，老年人受其自身身体素质等多方面因素影响更加依恋自己的小区，大多数时间待在小区内进行遛弯、静坐和邻里交流等活动。适宜的小区景观环境可以帮助老年居民休闲娱乐、打发时间和陶冶心情。我国有关老旧小区改造的指导意见中也充分考虑老旧小区居民老龄化特征，为满足居民生活需求，提出了整治小区绿色景观的意见。

目前我国的老旧小区景观空间存在许多问题，如：部分老旧小区内景观植物类型单一，色彩单调，不能与周围环境相融合，植物的功能性也未考究，甚至出现一些不友好的植物，如：有些植物是有毒性的，有些植物外观带刺等都会危害小区居民的健康。景观植物的生长受温度影响较大，缺少水源植物就会干枯，加之常年缺乏维护、管理，好的景观最终也变成了小区垃圾，影响了小区整体形象（图 3-15），也起不到净化居民内心的作用。部分老旧小区景观空间缺乏多样且创新型设计，没有娱乐设施，缺少运动器械、景观小品，与时代科技进步相脱节。景观空间被占用的情况也很多，老旧小区居民私自在景观空间搭建私用房子（图 3-16）。老旧小区景观空间存在的一系列问题需要立即整改，景观空间更新工作成为现阶段老旧小区改造的重要工作。

图 3-15　绿植缺少管理凌乱图例

图 3-16　景观空间搭建自建房图例

1. 景观更新的意义

老旧小区景观更新具有十分重要的意义。首先，对于老旧小区中的老年人来说，景观更新可以增添生活乐趣、释放内心压力，欣赏着生机勃勃的景观，内心愉悦，精神饱满。一方面随着老人年龄的增长，身体的各项机能逐步退化，老年人十分关注自己的身体变化，一旦身体出现一点小问题，整个人就会处于高度紧张状态；良好的小区景观环境可以缓解紧张，以轻松积极的心态面对疾病。另一方面，老年人退出工作圈，身边的交际圈也变窄了，缺失了很多参与社会的机会，老年人因此感到孤单，刚退休的老人甚至出现焦虑、抑郁的症状，所以小区内良好的景观更新可以促进老年人彼此的沟通交流，进行再次社交，建立老年友谊，减少孤独，带来快乐。其次，老旧小区的景观更新可以促进社区服务活动的开展、社区文化建设的发展。老旧小区居民获得更多更优质的小区体验，也同样促进社区大家庭的繁荣。

2. 景观更新的诉求

（1）身体健康诉求

身体健康是健康生活的保障。所有市民都应有均等的机会参加利于身心健康的各种活动，无论性别、年龄、种族、收入水平或能力。老旧小区建成时间多为 20 世纪 90 年代之前，基础设施老旧破败，绿地率低。以白云庭院为例，老旧小区的居民普遍面临恶劣环境导致的健康问题，如雨天的城市内涝，夏天的热岛效应，冬天的雾霾污染，提高了呼吸道疾病、心脑血管疾病的患病风险。另一方面，缺乏植被、以硬质空间为主的小区景观、人车混行的交通现状和活动生活圈的缺失降低了小区居民参与户外活动的可能性。

（2）心理健康需求

心理健康是健康生活的基础。远离自然的城市环境和高压、快节奏的城市生活使得城市居民难以亲近自然。以深圳东角头社区为例，高密度、拥挤、压抑的环境会增加情绪障碍、焦虑，甚至精神分裂症等严重心理障碍的患病风险。同时，毗邻城市道路导致的空气污染、光污染、噪声污染容易引发负面情绪、焦虑、抑郁等心理问题。然而，植物不仅具有显著的降噪效果，还可以吸收有害物质、净化空气。因此，扩充绿色开放空间、优化社区景观结构是改善居民心理健康的重要途径。

（3）社会健康需求

社会健康是健康生活的内涵。发展并增强居民之间的社会纽带是景观微更新影响居民健康的重要途径。研究表明，绿色景观的数量与户外聚集、社会交往及社会纽带建立的可能性成正比。景观优美、活动丰富的社区公共空间可以吸引人们前往，从而帮助享用相同居住环境的人们相互熟悉。久而久之，这些人之间便可发展出形式多样的社会纽带，比如夜跑、广场舞等社区团队，以及羽毛球、乒乓球等社区俱乐部。以上海的创智农园和百草园为例，社区纽带既能满足居民活动和体验的多元需求，也能实现经济价值、生态价值和社会价值的三重收益。因此，社区内社会纽带的形成能够有效提升居民的主动参与性，满足社会健康需求。

3.2.2 景观空间改造实例

1. 红旗小区景观空间改造前

红旗小区位于陕西省西安市，建于1950年，距今已有70余年，是西安红旗水泥厂家属居住的老旧小区。红旗小区中老年人居多，且60%以上的老年人超过70岁，此小区景观空间存在的问题直接影响了老年人的生活。红旗小区景观空间存在问题主要包括：（1）景观植物单一且缺少管理。红旗小区景观植物类型和色彩单一，景观植物大多为常绿乔木，缺少色彩多样类型植物，由于缺少植物管理，仅有的乔木类也出现了缺水干枯，长势凌乱，缺少工艺剪修和造型设计等。（2）景观空间被占用。红旗小区的景观空间绝大多数被占用停车，景观空间无法设计安放带有红旗小区文化特征的景观艺术品等，老年人只能在绿地四周安放几把座椅进行简单的休息，无法欣赏到更多的景观。

2. 红旗小区景观空间改造方式

针对景观植物单一问题，改造中采取增添友好型植物的方式，西安市属暖温带半湿润大陆性季风气候，冷暖干湿、四季分明，西安土质为黄土（沙质），属于湿陷性黄土。因此，红旗小区可以选择种植丁香、樱花、菊花、栀子花、长寿花等友好型植物，这些友好型的植物不仅外表美观而且有净化空气的作用。

由于景观空间有限，在改造中采取了垂直绿化，即：在建筑外立面进行绿化，可以在底层种植一些攀爬类植物如：爬山虎、常春藤等，这些植物随着生长向上攀爬，就会爬满整个建筑外立面，这样的设计使整个老旧小区充满生机。

红旗小区为红旗水泥厂的家属小区，有着浓厚的水泥历史，因此在进行景观空间设计时，在垃圾箱、绿植艺术造型、景观小品的设计上都融入水泥元素。追忆与传承历史水泥文化。

3.2.3 景观空间改造路径

1. 增添友好型景观植物

老旧小区景观空间少不了景观植物的参与，不同地区要依据其气候特点，选择美观且具友好型的植物，如：某植物能够带来良好的视觉效果，给人带来美感，或者能够吸收汽车排放的二氧化碳等气体释放氧气（图 3-17～图 3-23）。本节提供如下（表 3-2）的 7 种友好型植物供老旧小区景观空间丰富植物种类作参考。

老旧小区景观空间友好型植物　　表 3-2

植物名称	主要功能	生长条件	景观空间分布	图片
长寿花	长寿花有吸收毒气的功效，可吸收空气中甲醛、二氧化碳等有害气体，而且花名“长寿”有美好的祝福之意，送花送“长寿”，也可以将叶片捣碎敷裹在伤口处，有着一定的药用价值	长寿花喜温暖稍湿润和阳光充足环境。不耐寒，生长适温为 15～25℃，耐干旱，对土壤要求不严，以肥沃的沙壤土为好。长寿花为短日照植物，对光周期反应比较敏感	车库附近的花坛	 图 3-17
栀子花	栀子花芳香素雅，绿叶白花，格外清丽可爱。除观赏价值外，栀子花的花、果实、叶和根可入药，此外栀子花还有抗烟尘和二氧化硫的作用，是理想的健康绿植	栀子花性喜温暖湿润气候，好阳光但又不能经受强烈阳光照射，适宜生长在疏松、肥沃、排水良好、轻黏性酸性土壤中，抗有害气体能力强，萌芽力强，耐修剪	路两旁和老人休息区	 图 3-18
梅花	开花在春冬季，多可为观赏型植物	梅花的最适宜生长温度为 18～20℃，植株抗寒性较强，在－15℃的环境中也能健康生长，温度在 5℃左右的时候就可以开花	楼宇附近	 图 3-19

续表

<table>
<tr><th>植物名称</th><th>主要功能</th><th>生长条件</th><th>景观空间分布</th><th>图片</th></tr>
<tr><td>海棠</td><td>著名观赏型植物</td><td>海棠花的生长适宜的温度为 18～20℃，喜好通风良好且有散射光的环境，抗寒抗旱能力比较强</td><td>小广场</td><td>
图 3-20</td></tr>
<tr><td>丁香</td><td>观赏型植物</td><td>丁香其性喜阳光、温暖、湿润，但忌渍水，稍耐阴，也耐旱，耐寒性、抗逆性强。对土壤条件要求不严，较耐瘠薄，除强酸性土壤之外，其他各类土壤均可正常生长。最适宜年均温度 23～24℃，最好在土壤疏松且肥沃，排水条件良好的园地栽植</td><td>绿化带</td><td>
图 3-21</td></tr>
<tr><td>樱花</td><td>樱花幽香艳丽，常用于园林观赏</td><td>樱花对土壤的要求不严，宜在疏松肥沃、排水良好的砂质壤土生长，但不耐盐碱土。根系较浅，忌积水低洼地。有一定的耐寒和耐旱力</td><td>路两旁</td><td>
图 3-22</td></tr>
</table>

续表

植物名称	主要功能	生长条件	景观空间分布	图片
菊花	菊花具有观赏性	菊花为短日照植物，在短日照下能提早开花。喜阳光，忌荫蔽，较耐旱，怕涝。喜温暖湿润气候，但亦能耐寒，严冬季节根茎能在地下越冬。花能经受微霜，但幼苗生长和分枝孕蕾期需较高的气温。最适生长温度为20℃左右	小广场中的花坛	 图 3-23

2. 引入海绵城市设计理念

针对老旧小区景观植物受损问题，可以将海绵城市策略引入到绿色景观培育以及保护方面。可以采用下沉式绿地设施，在老旧小区里铺设绿地时，要保证铺设高度低于周边地面，铺设绿地时设置雨水溢流口，能够将多余的雨水从溢流口流入雨水管。还可以通过设置植草沟的方式，在地表小沟渠利用小区内的绿色景观来覆盖，能够对雨水进行收集、输送、排放，还可以达到净化雨水的目的。植草沟也可以有一些造型设计，针对断面设计可以用三角形、梯形等形状，要有一定的坡度，并且最好在 4%以内，这样可以有效补给绿色景观的水分需求。

3. 对景观空间进行多样化设计

老旧小区景观空间需要考虑小区人群特征进行合理多样设计，在小区内根据老人运动路径安排活动器材和休息座椅。在晚间，可以在景观植物或者休闲小道上设置照明灯，既起到照亮作用，又能烘托出温馨的气氛。可以为老年人和年轻人设置不同的景观植物区，如：针对老年人可以提供种植蔬菜区，针对年轻人可以提供小型花海区等。老旧小区大多有自己的历史文化，因此，在景观空间设计上可以融入自身文化的元素，以便传承接续文化。

3.3 个性空间改造

3.3.1 儿童群体空间

1. 儿童群体要素影响解析

“有儿童”群组中，6 项环境要素对户外活动均有影响。但在对活动时间的影响中，物理环境影响突出；对活动频率的影响中，活动设施和可达性影响突出。另外对物理环境有影响的维护安全要素和对维护安全有影响的景观设计要素也值得关注。

所以，0～12 岁群体的重点设计要素为物理环境、活动设施、可达性，以及对物理环境有影响的维护安全要素和对维护安全有影响的景观设计要素。对物理环境关注可能是因为儿童看护者更在意环境质量、气候舒适性对儿童身体健康的影响，Sanderson、Tucker、Anna Timperio 研究中也发现环境卫生好、有安全感、遮阳设施、照明等维护安全的物理环境要素可促进儿童户外活动，而维护差、器械差、垃圾、危险碎片等则抑制其户外活动。同时，当前户外环境中儿童设施设置不够充足会使这一群体对儿童类活动设施更为在意，Anna Timperio、Veitch 研究认为良好的游戏场地、球场可以促进孩子的户外活动时间。另外，关注可达性是看护者考虑到儿童年龄尚小，出行不便，易受车辆干扰，Tucker 和 Veitch 研究都发现良好邻近性促进儿童户外活动，而交通影响、过多车辆干扰、可达性差则抑制活动。受访者对影响维护安全的景观设计要素关注可能是因为儿童看护者更关心儿童安全，对一些高大茂密植物景观等带来的安全隐患比较敏感。Veitch 研究发现自然景观，包括可攀爬的树、可捉迷藏的灌木丛、充满吸引力的花园等促进儿童活动，而陌生人、流浪汉等不安全因素抑制儿童户外活动，这也可见与安全相关的要素对儿童户外活动的影响。

2. 儿童群体要素设计建议

儿童群体（0～12 岁）身体和心理尚未成熟，在户外活动时需要看护。针对儿童群体的重点要素本节给出五点设计建议：

（1）活动设施设计

在进行设计时要注意，儿童设施设置应多样化，满足不同年龄段儿童活动需要（图 3-24）。丹麦 Weidekampsgade 小区儿童设施设计是多样的，幼儿期儿童采用活动量适中的嬉戏类设施，适合沙坑、滑梯、转盘、跷跷板设施；童年期儿童适合户外活动较多的开发智力型、冒险类设施，如迷宫、攀爬架等（图 3-25）；学龄少儿期儿童设施应加强文化性、

(a) 学步儿童区　(b) 学前儿童区　(c) 学龄儿童区

图 3-24　不同年龄段儿童活动场地图示

(a) 冒险设施——攀爬架　(b) 益智设施——折戟沉舟

图 3-25　冒险、益智类设施图

科普性的益智类设施（图 3-25），如结合活动区域设置植物标识牌、著名人物雕塑、成语故事牌等，并设置适当体育场地，可以考虑结合其他体育场地设置少儿球类场地。同时考虑寒区冬季气候特点和儿童安全，空地广场、球类场地和散步路径的铺地应采用防滑铺地材料（图 3-26），不宜采用大理石等地砖铺地（图 3-27）。

(a) 儿童设施橡胶地面　(b) 儿童设施沙土地面　(c) 游戏区不应与球场无分隔

图 3-26　防滑铺地材料铺设地面图例

图 3-27　活动场地不宜铺设大理石地面图示

（2）可达性设计

儿童群体出行不便，故可达性要素对其活动频率影响更大。首先，为减少出行距离，应加大小区内部儿童活动设施设置，尤其是幼儿活动设施，使儿童不出住区即可进行丰富的日常户外活动。其次，通往住区外公园等活动空间的行进路上尽量避免车辆对儿童的干扰。另外，行进路上保证婴儿手推车通行方便，适当考虑儿童滑板车、扭扭车等通行。保障行进路上安全卫生，设置吸引儿童的路上景观环境（图 3-28），以促进儿童前往户外环境。

(a)　(b)

图 3-28　路上环境设计实例二则

绿荫环绕儿童活动区

图 3-29 儿童活动区的遮阳、挡风设施

（3）物理环境设计

物理环境对儿童户外活动时间影响较大，说明儿童家长更关心户外环境物理环境。户外环境除了在选址时考虑周围道路车辆噪声影响外，在整个场所的总平面布局上也应将儿童活动区远离周围车行道路，保障儿童活动区空气质量。同时，重视儿童活动区的遮阳、挡风设施设计（图 3-29）。

（4）景观设计建议

景观对儿童户外活动影响较大，设计者在景观设计时应加入更多符合儿童和青少年特征的元素，促进其户外活动。可根据场所条件增加儿童、青少年活动区的自然景观、植物景观，亦可以将儿童活动设施与自然地形地貌相结合。设计儿童特征鲜明的雕塑、建筑景观。利用冰雪雕塑等创造儿童喜欢的冬季景观（图 3-30、图 3-31）。

图 3-30 儿童活动设施与周围环境相结合——假山促进攀爬

图 3-31 儿童活动设施与周围环境相结合——儿童冰雕

（5）维护安全设计

加强儿童活动区环境卫生维护；保障青少年经常使用的各种球类设施（图 3-32）、跑步路径、空地广场等的维护和夜间照明；冬季注重积雪清理；保障青少年活动设施的安全使用。维护安全要素对冬季儿童户外活动影响也较大，应对场地设施及时清雪（图 3-33），保障整场活动安全进行。

3.3.2 老年群体空间

1. 老年群体要素影响解析

有无老人群组中环境要素的影响作用结果略有不同。有老人群组，活动设施、可达性、辅助设施、景观设计和维护安全对活动频率有显著影响作用，活动设施和物理环境对活动时间有显著影响作用。无老人群组中，活动设施、辅助设施、景观设计和维护安全对活动频率均有影响，各要素对活动时间未见显著影响作用。

健康伴我游
维护良好的球场

图 3-32　维护良好的球场环境图

积雪覆盖的跷跷板

图 3-33　积雪环境下设施现状

相比较而言，有老人群组对各类环境要素更加关注，分析其原因可能是有大于等于 65 岁老人的家庭，其日常户外活动要陪同老人一起进行，这些受访者对活动场所的要求更多考虑老人的身体条件和要求。而无老人家庭对年龄大老人关注少，所以对活动场所的敏感点也与有老人家庭不同。

在不同年龄群组分析中，在年龄大于等于 65 岁群体中，对活动频率有显著影响作用的是活动设施和景观设计。对活动时间有显著影响的是物理环境。各环境要素影响作用同其他年龄群组也存在一定差异，部分分析结合下节内容阐述。

2. 老年群体要素设计建议

物理环境是老年群体的关注重点。在有老人群组内部分析中发现，物理环境和活动设施均对活动时间影响显著，但前者显著大于后者。在年龄群组对比分析中发现，在年龄大于等于 65 岁群体中，物理环境对活动时间有突出的显著影响，且大于其他年龄群组。这说明，大于等于 65 岁群体对物理环境更敏感，这可能是因为这个群体年龄较大，身体素质日渐下降，也会有一些疾病缠身、行动不便的情况，故这一群体更在意活动空间的空间环境质量。活动空间首先应给其提供安静、清洁、舒适的环境，因此针对物理环境这一重点要素的设计提出两点建议：①要控制车辆噪声：一些小区物业管理水平较差，人车混行、无正规停车场、乱停车现象严重。应设置小区内全部或部分人车分行，加强活动空间周围来往车辆管理（图 3-34）。②充分考虑户外季节差异，如考虑夏季遮阳：可以增加遮阳树木、增设遮阳凉亭、凉棚、长廊等；新建设的无广场住宅小区，应在设计之初适当考虑住宅建筑遮阳，充分利用各种构筑物和树木遮阳（图 3-35）。还要考虑冬季防寒：在建筑阴角等处建设活动空地，或设置活动区挡风墙；新建设的无广场住宅小区，应在设计之初适当考虑住宅建筑挡风（图 3-36）。

图 3-34　不受车辆干扰的活动区示意

图 3-35 遮阳廊道设计示意

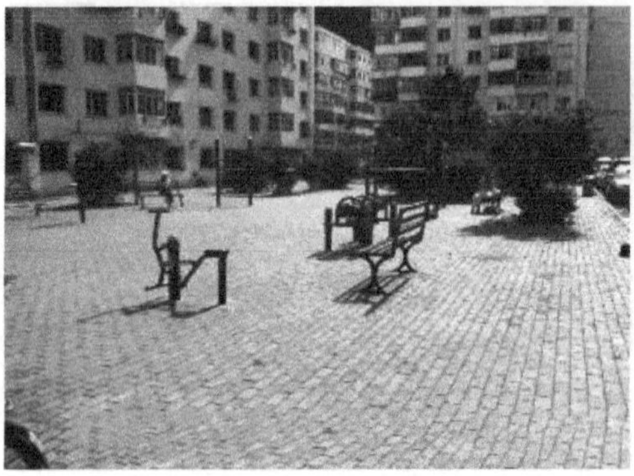

图 3-36 建筑围合形成挡风空间实例

可达性值得关注。在有老人群组内部分析中，对活动频率的影响，活动设施与可达性存在显著差异，前者影响不显著而后者显著。但是在年龄群组对比分析中发现，活动设施影响显著而可达性不显著。但 Uffelen、Song S.、Zhou P. 等人研究表明良好的可达性可以促进老年群体户外活动。关于可达性对户外活动的影响还需要进一步研究。这和居民心理感受，以及测量方法、具体调研小区周边环境特征等都息息相关。

活动设施和景观设计是该群体的重点要素。在有老人群组内部分析中发现，景观设计和活动设施均对活动时间影响显著，两者影响系数排在前两位。活动设施对活动的影响结果与 Strath、Takemi Sugiyama 的研究结果一致。Strath、Takemi Sugiyama 的研究得出网球场、多用途路径（散步、跑步、自行车）等活动设施可以促进老年人活动。

老年人多样的活动设施取决于运动形式与空间的多样，因此空地广场内可以进行多种老年人户外活动，如广场书法、放风筝等，故建议广场适当进行分区设计，提供老年人活动区域。广场舞作为近年十分普遍的户外活动深受中老年喜爱，广场设计时应尽量考虑这种需要（图 3-37）。

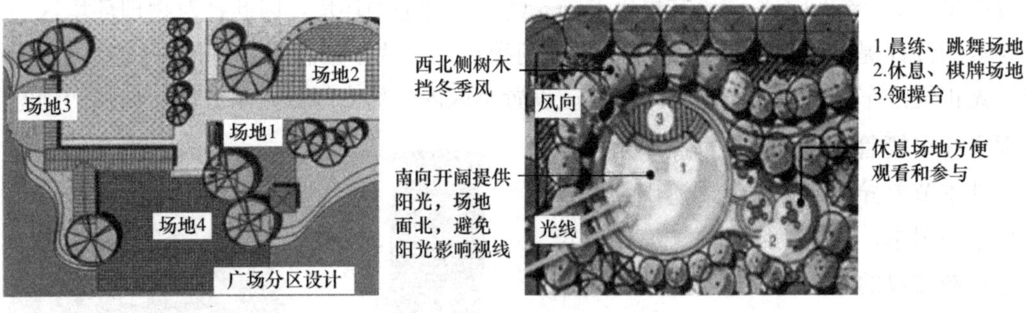
场地3
场地2
场地1
场地4
广场分区设计
西北侧树木
挡冬季风
风向
南向开阔提供
阳光，场地
面北，避免
阳光影响视线
光线
1.晨练、跳舞场地
2.休息、棋牌场地
3.领操台
休息场地方便
观看和参与

图 3-37 广场分区多样设计图示

户外活动运动受季节的影响，寒冷季节活动设施对户外活动影响较大，考虑到老年人活动特点，各项活动设施在设计时应采取一定应对对策。如休息座椅、活动桌面、栏杆扶手等宜选择木质等导热系数小的材料；地面高差处坡道必要时设置扶手以防止使用者滑倒（图 3-38）。

图 3-38　活动设施冬季环境现状

散步路径更适合也更普遍被老年人接受，散步道可以结合棋牌、器械等设施设置，也可以结合景观小路设置多种路径，增加空间吸引力（图 3-39）。研究还发现年龄大于等于 65 岁的老年人群体，处于退休年龄，常有看护儿童活动。为方便老年人照看儿童，儿童设施应考虑靠近老年人活动区，并设置休息座椅。休息座椅设置应方便老年人交谈、看护（图 3-40）。

主要散步道路
可灵活选择的散步路
1.棋牌区
2.开放草坪
3.散步路
4.器械区
5.植物景观

图 3-39　散步路径设置示意

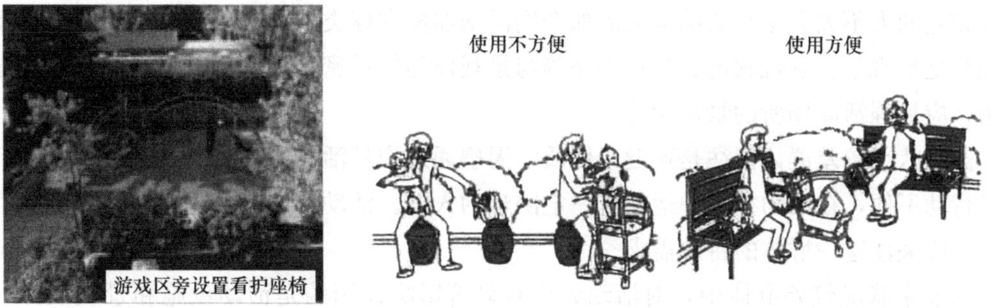
游戏区旁设置看护座椅
使用不方便
使用方便

图 3-40　老年人座椅设计示意

针对不同的年龄组，景观设计对活动设施会产生不同的影响，年龄大于等于 65 岁与 19～35 岁群组、年龄大于等于 65 岁与 36～50 岁群组差异显著，年龄大于等于 65 岁群组影响显著大于 19～35 岁和 36～50 岁群组。自然、植物、人工和建筑景观可以提供和丰富活动场地，这一群体进入老年阶段、不适合较剧烈运动，更喜欢在活动空间中欣赏景观，或边欣赏边进行轻微运动。该群体注重与维护安全相关的景观设计要素。设计中不要出现隐蔽的区域和对人身易产生伤害的植物品种；各类建筑景观、景观小品设计考虑地面、立面的设计细节不要出现对人身安全有影响的情况；冬季冰雪景观设置设计应考虑地面安全。这两个群体户外活动以运动量小的棋牌、散步、闲坐为主，景观要素在这些活动中作用会更加显著。景观设计应充分重视其心理、喜好特点。如老年人大多喜欢鲜艳色彩，活动空间可以在景观道路两侧栽植色彩艳丽的花朵和设置色彩明亮的雕塑等，并加强冬季景观的色彩效果（图 3-41、图 3-42）。

图 3-41　利用人造花朵创造冬季景观图

图 3-42　利用常青树保证冬季景观效果图

3.3.3　健康较差群体空间

1. 健康较差群体要素影响解析

健康状况较差群组：仅有活动设施和景观设计对户外活动有显著影响，其他要素对户外活动未见显著影响。这说明该群组人群由于身体原因空间体验较少。这可能是因为健康状况较差的人不大会参与活动量大的如个别活动器械和球类场地等的户外活动，其活动场所往往是景观亭、景观廊道、景观小路等与景观设施关系密切的空间。这说明，对于这一群组，应加强活动场所的景观设计。

健康状况较差群体往往是亚健康体质，渴望通过户外活动来提升身体素质的人群；或者是行动不便，在活动空间中运动有一定困难的人群。活动空间设计好坏对这一群体意义重大，应关注这一群体的特殊需求。

在健康状况较差群体中，对活动频率有显著影响作用的是活动设施和景观设计，各环境要素对活动时间未见显著影响。另外，景观设计对活动设施、景观设计对辅助设施、景观设计对维护安全影响显著。景观设计对活动设施影响，健康状况良好与较差群组存在显著差异，后者影响显著大于前者。景观要素对户外活动和其他要素影响显著，充分体现了景观在该类群体户外活动中的重要作用。Yochai 等人的研究也证实了景观对健康差群体户外活动的促进作用。Ellaway 研究结果显示绿植景观、环境卫生好可以促进健康较差群体的户外活动，降低肥胖等亚健康风险。这也进一步验证了本文的研究结果。

2. 亚健康群体要素设计建议

（1）活动设施设计

研究发现，活动设施对健康状况良好群体有较大影响。这说明健康状况良好的大众身体状态好，其更加关注活动空间的活动设施配置，完善活动设施种类、丰富活动内容是促进其户外活动的首要办法。

（2）可达性设计

可达性对健康状况一般群体的活动频率影响较大。活动空间设计应保障其方便（图 3-43）、快速、愉悦地到达。对于健康状况一般的人群，身体条件不是特别好，应增加可达性设计。同时注重通往活动空间步行路上的空气质量、卫生环境等，创造步行路上的诸如建筑街景、绿化植物等景观设计，起到赏心悦目、美化环境的作用。

(a) 行进路上轮椅坡道　(b) 行进路上盲道畅通　(c) 高差处设置扶手

图 3-43　行进路上可达性设计示例

（3）景观设计建议

健康状况较差群组中，景观设计对活动设施的影响最大。健康状况较差群体为身体素质差或有残障的群体，其适合运动量小的如闲坐、散步、观赏等户外活动，其活动场所往往是景观亭、景观廊道、景观小路等与景观设施关系密切的空间。对于这一群组，应将景观设施与户外活动结合起来设计，让这一群体在欣赏景观的同时完成户外活动（图 3-44）。景观设计还要考虑到安全因素，在设计时要以安全为重，如景观水池的设计要防止健康差的群体落入水中（图 3-45）。为避免寒冷季节景观单调（图 3-46）、色彩单一，绿植树木考虑搭配多个树种，防止冬季绿植景观单调，必要时可以利用假花、假叶对冬季树木艺术处理（图 3-46）。

(a)　(b)

图 3-44　景观设计与户外活动相结合实例

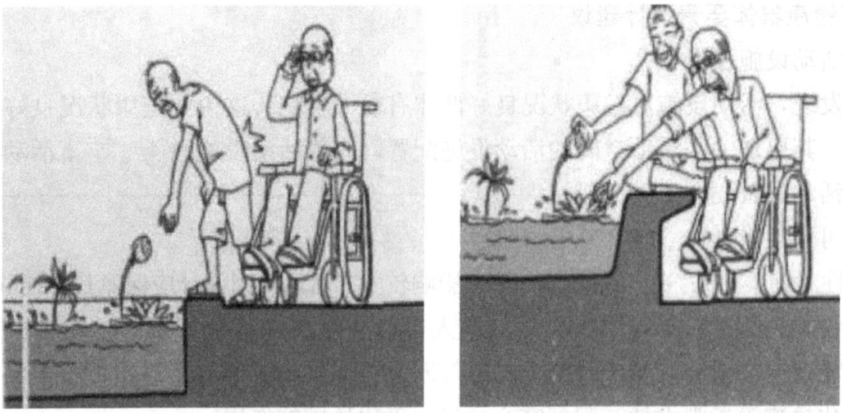

(a) 危险错误的设计　　(b) 安全正确的设计

图 3-45　景观水池安全设计图示

(a) 单一树种景观单调　　(b) 设置常青树种搭配　　(c) 艺术处理后的树木景观

图 3-46　冬季绿植景观现状及设计后图例

3.3.4　低收入群体空间

1. 低收入群体要素影响解析

收入小于 2000 元群体更重视影响活动时间的活动设施，原因可能是，这一群体大多为居住在老旧小区中的低收入群体，这类空间是否配备完善的活动设施：是否有活动器材、是否配有活动空地、儿童设施、散步路、休息设施等对其活动时间有直接影响。另外可能是低收入者对各类辅助功能、景观设计等要求并不高，使其户外活动受活动设施影响最突出。这些说明对于低收入者住区内外的户外环境，加强活动设施配置是首要。Kaczynski 研究也发现低收入者户外活动与活动空地、体育场地等活动设施有关，但 Deborah A. Cohen 却发现社区贫困水平与户外活动无关。由于国内外经济水平、日常户外活动情况有所差异，所以无法一一对比。

2. 低收入群体要素设计建议

研究发现，活动设施对收入小于 2000 元群体的活动时间影响较大。这可能是因为收入较低群体对户外活动、户外环境要求并不很高，现阶段对活动设施之外的景观设计、辅助功能、物理环境等没有过多要求。这一群体居住空间多为老旧小区，老旧小区有限的空间、资金等条件制约其户外环境的发展（图 3-47）。对于这类群体及其户外环境设计首先应从基本活动设施配置着手，如活动空地、活动器材等。其次，应发展节约用地、资金投入少的活动设施（图 3-48、图 3-49），如散步小路、儿童沙坑等。另外，对活动设施维护要保障，避免其日久破损，影响使用。

图 3-47　利用空地运动图示

图 3-48　小块用地安装器材实例

(a) 未清理积雪影响广场使用　　(b) 地面结冰使活动不安全

图 3-49　缺少维护的户外环境空间现状

3.4　公共艺术参与改造

3.4.1　公共艺术概念与形式

1. 公共艺术概念

公共艺术是一种以实践性创造为导向的艺术表达方式，与城市更新中的规划建设、文化建设、生态建设等未来发展问题息息相关。公共艺术可从狭义和广义两方面进行阐述，狭义指出现在公共空间可视可感的雕塑、壁画、涂鸦等；广义上指公众组织或参与的公共艺术活动，如艺术展、艺术辩论等。在人性化、人文化城市更新建设背景下，公共艺术可以记录城市发展中的重要人物及事迹、改善城市空间环境、提升人文关怀、传承传统文化。

随着时代发展，公共艺术创作范围在空间上已经由城市街区转移到社区乃至每个小区，创作主体也由艺术家转为大众群体。创作者也创作了多样的艺术形式，包括建筑、绘画、摄影、书法、水体、园林景观小品、公共设施、景观艺术、装置艺术、影像艺术、高科技艺术、表演艺术等，随着创作群体的增多，公共艺术类活动也丰富起来，如：公共艺术交流会、艺术创作竞赛、人文艺术分享会等。

2. 公共艺术存在形式

目前公共艺术在城市街道、公共空间、社区内存在的主要方式包括：壁画、涂鸦、雕塑、公共艺术活动等。

墙壁、地面涂鸦艺术是城市中十分常见的街道艺术，城市街道缺少大范围的公共空间，无法容纳大型地标性艺术品；然而街道又为人们较多参与的户外空间，壁画和涂鸦只需在建筑物外立面上进行创作，所需公共空间较少，一定程度上可以改善城市街道空间环境。

目前城市中存在一些消极空间，即建筑间的空间、道桥间的边角空间、未经设计的冗余空间等，雕塑则是应对这些消极空间最有效的公共艺术形式，在不同空间因地制宜进行雕塑设计，设计后的空间充满人性化、艺术化。

公共艺术活动也在不断加入到城市更新中，城市的部分社区会在法定节日开展艺术研究会和文艺表演等多种活动，紧跟时代步伐，传播重要思想。公共艺术在城市中的存在形式是可视可感的，公共艺术形式能最大限度地促进城市更新。

3.4.2 公共艺术实践现状

1. 国外实践

公共艺术在欧美地区发展较为成熟，欧美国家将公共艺术视为城市文化发展的重要组成部分，公共艺术在公共空间随处可见且类型多样。

美国芝加哥千禧公园改造中便融入了公共艺术，千禧公园前身为停车场和铁轨，改建后千禧公园既保留了原有的停车功能，又融入了音乐表演、雕塑等公共艺术活动与形式，创造了杰·普立兹露天音乐厅、“云门”雕塑等优秀公共艺术作品。杰·普立兹露天音乐厅可容纳7000人，室外草坪区域利用一个600英尺×300英尺（约182.9m×91.4m）的网架悬挂分布式增强音响系统，为观众提供了完美的舞台声音效果。“云门”雕塑整体使用不锈钢材料，光亮的表面映射出芝加哥的高楼大厦，使周围每位游客都会走近它，驻足、观望、留影，人们之间彼此交流。改建后的千禧公园成为一个良好的公共艺术交流空间，人与艺术作品融为一体。

另外，美国洛杉矶还大力开拓公共艺术视野，修正公共艺术法规，拓展公共艺术边境，对文化场所进行公共艺术改造建设。在韩国和澳大利亚，也加大市民公共艺术参与，提出公共文化艺术强国战略。

2. 国内实践

近年，公共艺术参与城市更新在国内发展迅速，尤其在城市中的老旧小区改造方面进行较多研究与实践。

目前公共艺术参与老旧小区改造的范围主要包括：建筑外侧墙壁、小区户外活动空间等。改造中选取的公共艺术类型包括：壁画、涂鸦、雕塑、公共艺术作品、公共艺术活动等。

壁画、涂鸦艺术是城市中十分常见的公共艺术形式。上海康乐小区通过艺术化的壁画、涂鸦创作美化了老旧小区建筑墙壁，对破旧的水房、锅炉房、垃圾房、杂物房等进行有趣的涂鸦创作，增加辅助建筑的趣味性，提升小区外观形象，一定程度促进社区更新。

雕塑等公共艺术作品可以很好地展现老旧小区历史文化，曹杨新村是新中国的第一个工人新村，有着光荣的历史。改造者对曹杨新村原有建筑进行了保护式更新，组织了多种公共艺术展览，如：《莲说》《舞动生活》等艺术作品。《莲说》（图 3-50）是曹杨公园新创作出的现代公共艺术作品，通体采用现代工业技术材料，莲花是品格的象征，莲蓬寓意吉祥和多福，此作品歌颂了曹杨人的高洁品格。曹杨公园的雕塑作品《舞动生活》（图 3-51）取材于市民日常生活场景，传递出对美好生活的歌颂。改建后的曹杨新村充满活力，激起人们对美好生活的向往。

图 3-50 公共艺术作品《莲说》

图 3-51 雕塑作品《舞动生活》

公共艺术活动也在不断融入老旧小区改造：节日期间开展艺术研究会和文艺表演、组织居民自主创作节日艺术海报等，公共艺术活动的开展取代了传统枯燥的“黑板公示”“纸质文件”等宣传模式，使小区居民自发参与艺术活动和文化宣传。

3.4.3 公共艺术作用与存在问题

1. 公共艺术作用

（1）提升城市空间品质

城市空间品质提升与城市衰败空间更新紧密相连，公共艺术是改造衰败空间的良方。公共艺术可以唤醒破旧落后的老旧小区，通过壁画、涂鸦、艺术小品、景观装饰等多种公共艺术作品，打造出年轻化、充满活力的社区空间。利用艺术化涂鸦、绘画创作等手段对城市街道进行艺术化设计，可以提升城市整体美感与舒适度，激活衰败空间。

（2）促进人文交流

公共艺术作品通过吸引不同背景人群的驻足、交谈、沟通等，促进公众对艺术文化知识的信息交换。公共艺术活动通过公众参与，促进公众与作品、公众与艺术家、公众与公众之间的沟通与交流。市民以公共艺术为媒介，参与城市生活和信息交换。公共艺术对人文交流的促进是其对城市生活的重要贡献。

（3）促进更新城市、经济发展

公共艺术参与城市更新，可以促进城市经济发展。很多商业空间改造通过公共艺术来吸引消费者。随着公共艺术作品进入商场，消费者群聚，促进实体产业经济发展。上海虹口区四川北路的滨港商业中心通过“艺术展”等公共艺术手段来修缮建筑街区，将街区文化、商业业态、游客活动紧密相连，保留老派精致生活同时，融入青年力和创意潮流文化，激活街区活力，带动区域经济发展。

2. 公共艺术现状问题

公共艺术参与城市更新的优质性与城市原有老旧街区数量和区域经济发展有关。部分地区城市经济发展落后，公共艺术参与城市更新不能做到全面且优质，易产生如下问题：

（1）艺术作品类型有待扩充

经济发展落后城市，其经济资源无法支持多样化公共艺术作品创作。公共艺术作品以壁画和涂鸦为主，单一的公共艺术作品美化空间、传播文化作用有限，空间趣味性不足，阻滞城市更新进程。

（2）公共艺术作品缺少人文交流

公共艺术参与城市更新倡导“以人为中心”，利用公共艺术环境带动公众参与，促进人文交流。但一些地区公共艺术仅停留在建筑物外立面涂鸦、简单雕塑等过于简单的手法，没有创造交流空间和交流活动。参与更新的社区空间也未能由居民自主管理、自主创作。缺少人文交流的公共艺术空间失去了活力，城市空间也失去生机。

（3）公共艺术作品缺少时代感

时代进步，科技发展，公共艺术参与城市更新也应面向未来，适时与科技相结合。一些城市空间由于经济等原因，其公共艺术作品多元性不足，以传统表达形式为主，缺少新时期的科技感与时代感。城市更新的内核应是吸引更多的年轻人和焕发新的街区活力，表达方式、材料、形式等若不能与时俱进和反映新时代成果，就很难吸引包括年轻人在内的公众真正参与城市公共空间活动。

3.4.4 公共艺术促进城市更新的策略

鉴于上述研究，本研究探索公共艺术促进城市更新的相关策略，具体如下：

1. 公共艺术作品多样化

多样的公共艺术作品可以美化城市，进而提升城市空间品质，表 3-3 列出了多种类型公共艺术作品，及其特点和形式。城市更新中应因地制宜地选择多种公共艺术类型提升空间品质（图 3-52～图 3-59）。

公共艺术作品多样化形式　　　　表 3-3

类型	特点	形式
临时性公共艺术品	利用自然材质进行的创作，进行短期空间装饰	 图 3-52
公共艺术活动	以当地文化为基础，注重艺术创作过程和人文交流	 图 3-53
修缮与美化的旧建筑	对保留下来的旧建筑进行外观装饰，进行局部修缮与美化	 图 3-54
艺术化设计的建筑外立面	在建筑物外立面进行设计，起到维护作用	 图 3-55

续表

类型	特点	形式
形式化设计的景观	景观形式化设计不仅美化空间环境，更注重与周围的自然、艺术环境相融合，为人们带来审美体验	 图 3-56
艺术化的公共设施	公共设施是为满足人们的生活需求设置的，经过艺术化设计后增加城市美感，体现城市文化	 DREAM 图 3-57
公共艺术品	存在空间中被人们观赏，这种呈现方式更强调公众的参与，进而提高空间内涵和精神价值	 图 3-58
特征性景观小品	景观小品通过自身特征，传播文化	 绿水青山就是 金山银山 图 3-59

2. 公共艺术与公众参与

公共艺术融入城市更新要以公众为主体，尤其是社区空间改造，应从居民的实际需求出发，做到“人人参与，居民自治”。例如：某小区改造中居民会将单调的变电箱经过涂鸦创作为多彩的艺术箱，将楼道墙壁粉刷成温馨的鹅黄色，以“共同抗疫行动”等美好情景来创作涂鸦墙，记录小区美好瞬间。小区改造可以通过艺术活动激发居民热情，小区居民可以自主选择空间进行书法、书画创作，居民自发认养花草，并规划出“一亩三分地”的职责范围，对小区绿化进行日常维护，激发居民用自己方式呈现艺术，传递文化。

公共艺术参与老旧小区改造中，公众参与可使居民成为小区改造的建设者，促进居民自发参与社区与城市更新。

3. 公共艺术与科技结合

随着时代和科技发展，城市更新和老旧小区改造中公共艺术类型可加入新的科技手段。(1) 公共艺术与电子设备结合：在老旧小区公共空间放置可触屏语音互动式电子听书设备，当老旧小区居民在凉亭休息时只需手触摸屏幕或者直接呼唤设备名称就可以找到自己想听的书目。(2) 公共艺术与绿色科技结合：公共艺术作品中安装捕获风能、收集太阳能、净化水体等装置，使居民生活更加便利、低碳。(3) 利用手机、遥感方式促进公众参与。捷克艺术家 David 用片状的不锈钢板创作了一个 30 英尺（约 9m）高的巨大人头，雕塑体量虽大，但每一片钢板都可以向不同方向转动，并可以通过计算机远程遥控，实时与公共互动（图 3-60）。

图 3-60　美国北卡罗来纳州不锈钢人头雕塑

第二篇　技　术　篇

第4章

老旧小区改造指导思想

4.1 老旧小区改造背景

伴随我国社会经济的不断发展，建成时间较早、公共设施落后、影响居民基本生活、居民改造意愿强烈的老旧小区问题更加突显，部分小区已不能满足居民日益增长的美好生活需要，急需通过改造来保障居民的正常生活。为此国家提出开展老旧小区改造试点，探索城市老旧小区改造的新模式。特别是自党的十九大提出我国社会主要矛盾的变化以来，十三届全国人大一次、二次会议关注到"老旧小区问题"，相关部委进行落实和推进，拉开了全面推进城镇老旧小区改造的帷幕。

2020年7月20日国务院办公厅发布了《国务院办公厅关于全面推进城镇老旧小区改造工作的指导意见》（国办发〔2020〕23号），其中明确要求，各地需编制城镇老旧小区专项改造规划和年度计划，摸清老旧小区底数，建立项目储备库，老旧小区专项规划需明确规划目标、指标及原则，划定更新改造单元，制定实施计划，同时以城市更新为最终目标，重点突出以老旧小区专项改造规划为纲领，切实推动改造工作，促进城市更新持续有力进行。

2020年10月，党的十九届五中全会通过的《中共中央关于制定国民经济和社会发展第十四个五年规划和二〇三五年远景目标的建议》明确提出实施城市更新行动、加强城镇老旧小区改造和社区建设。"老旧小区改造"进入"十四五"规划，体现出党中央对"民生无小事"的高度重视。在新的发展条件下，应当充分重视老旧小区改造和治理的重要意义，将治理理念贯穿于老旧小区改造的"规划、建设和管理"全过程。

2020年8月18日黑龙江省住房和城乡建设厅下发关于《申报2021年度城镇老旧小区改造计划任务的通知》（黑建函〔2020〕310号），要求严格控制改造范围，深入细致了解居民的改造意愿和需求，做好做细居民工作，在充分尊重居民改造意愿和需求的基础上，进行综合改造，做到应改尽改。

党中央国务院和省委省政府对老旧小区改造重视程度之高、部署力度之大前所未有。习近平总书记多次强调，住有所居是宜居的基础，要加快老旧小区改造；要加强城市更新和存量住房改造提升，做好城镇老旧小区改造。时任总理李克强同志多次主持召开国务院常务会议，部署加大城镇老旧小区改造力度，顺应群众期盼改善居住条件，推动惠民生扩内需。我们要以更高的站位认识和把握老旧小区改造工作，这不仅是顺应人民群众期待的民生工程、民心工程，更是当前形势下稳投资、拉内需的发展工程、政治工程，也是改环境、强基础、解民忧的稳定工程，是一项一举多得的工作。

4.1.1　老旧小区改造指导思想

1. 国家层面要求

以习近平新时代中国特色社会主义思想为指导，全面贯彻党的十九大和十九届二中、三中、四中全会精神，按照党中央、国务院决策部署，坚持以人民为中心的发展思想，坚持新发展理念，按照高质量发展要求，大力改造提升城镇老旧小区，改善居民居住条件，推动构建“纵向到底、横向到边、共建共治共享”的社区治理体系，让人民群众生活更方便、更舒心、更美好。

（1）坚持以人为本，把握改造重点。从人民群众最关心、最直接、最现实的利益问题出发，征求居民意见并合理确定改造内容，重点改造完善小区配套和市政基础设施，提升社区养老、托育、医疗等公共服务水平，推动建设安全健康、设施完善、管理有序的完整居住社区。

（2）坚持因地制宜，做到精准施策。科学确定改造目标，既尽力而为又量力而行，不搞“一刀切”，不层层下指标；合理制定改造方案，体现小区特点，杜绝政绩工程、形象工程。

（3）坚持居民自愿，调动各方参与。广泛开展“美好环境与幸福生活共同缔造”活动，激发居民参与改造的主动性、积极性，充分调动小区关联单位和社会力量支持、参与改造，实现决策共谋、发展共建、建设共管、效果共评、成果共享。

（4）坚持保护优先，注重历史传承。兼顾完善功能和传承历史，落实历史建筑保护修缮要求，保护历史文化街区，在改善居住条件、提高环境品质的同时，展现城市特色，延续历史文脉。

（5）坚持建管并重，加强长效管理。以加强基层党建为引领，将社区治理能力建设融入改造过程，促进小区治理模式创新，推动社会治理和服务重心向基层下移，完善小区长效管理机制。

2. 黑龙江省层面要求

各地推进城镇老旧小区改造工作要以《国务院办公厅关于全面推进城镇老旧小区改造工作的指导意见》（国办发〔2020〕23 号）确定的指导思想和改造原则为遵循，认真落实省委十二届八次全会精神，将老旧小区改造与城市更新、城市社区建设、海绵城市建设、生活垃圾分类等重要任务相结合，尽力而为、量力而行，不断改善居住条件，推动构建“共建共治共享”的社区治理体系，推进城市环境品质提升，增强城市发展活力，让人民群众更有获得感、安全感和幸福感。

(1) 合理确定改造计划。各地要摸清存量底数，坚持“尽力而为、量力而行”的原则，不盲目攀比、举债铺摊子，科学编制老旧小区改造“十四五”规划，合理确定年度改造计划，并将居民出资、业主委员会（物业管理委员会）组建、改造后物业管理模式确定等作为纳入年度改造计划的前提条件。区分轻重缓急，切实评估财政承受能力。基础类发挥财政资金主导作用，做到应改尽改；完善类在充分尊重居民意愿的前提下，做到宜改即改；提升类按照政府引导、市场化运作的模式，做到能改则改。力争到“十四五”期末基本完成改造范围内的老旧小区改造任务。

(2) 建立工作实施机制。逐步建立政府统筹协调、部门分工协作、各方主体参与、项目有序实施、拓宽资金筹措、加强工程质量安全监管、健全事中事后监管、完善小区长效管理等各项改造工作机制。

(3) 完善改造资金筹措机制。各地要按照“谁受益、谁出资”的原则，确定居民按不同改造内容、改造面积，承担不同比例改造资金的政策，多方式出资。各地可结合实际制定针对困难群众的减免政策。制定政策支持居民提取住房公积金，用于老旧小区改造和加装电梯等的居民出资部分。

3. 老旧小区改造政策解读

【问答解读】黑龙江省人民政府办公厅关于《全面推进城镇老旧小区改造工作的实施意见》政策解读。

为深入贯彻落实《国务院办公厅关于全面推进城镇老旧小区改造工作的指导意见》（国办发〔2020〕23号），黑龙江省人民政府办公厅印发了《关于全面推进城镇老旧小区改造工作的实施意见》（以下简称《实施意见》）。《实施意见》指出，全省2021年新开工改造老旧小区1439个；力争到“十四五”期末基本完成改造范围内的老旧小区改造任务。《实施意见》的出台，对我省全面推进“十四五”期间老旧小区改造工作具有十分重要的意义。

问：老旧小区的改造范围包括哪些？

答：按照国家要求，我省结合实际对老旧小区改造范围进行了适当调整。我省老旧小区改造的范围为：城市、县城、原农垦、森工系统二级机构所在地，2000年底前建成需改造的老旧小区或单栋住宅楼。对2000年后建成并被鉴定为安全C级住宅楼，以及无独立厨房、卫生间等非成套住宅楼，可以一并纳入改造范围。

问：纳入改造的前提条件有哪些？

答：为更好地调动居民出资参与老旧小区改造工作，并提升老旧小区的物业管理水平，《实施意见》提出，将居民出资、业主委员会（物业管理委员会）组建、改造后物业管理模式确定等作为纳入改造计划的前提条件。相关要求在各地申报2022年度改造计划时将严格执行。

问：老旧小区有几种改造类型？

答：我省老旧小区改造分为基础类、完善类、提升类三种改造类型。基础类以满足居民安全需要和基本生活需求为改造内容，做到“应改尽改”；完善类以满足居民生活便利需要和改善型生活需求为改造内容，力争做到“宜改即改”；提升类以丰富社区服务供给、提升居民生活品质为改造内容，力争做到“能改则改”。

问：改造工作将如何组织实施？

答：全省老旧小区改造工作由省住建、发改、财政、自然资源、公安、民政、卫生健康、教育、通信管理、应急管理等部门和专业经营单位按职责分工统筹协调，市县政府具体推进落实，街道办事处（镇政府）全程参与项目改造与管理工作。各地将以适当形式组织居民参与方案制定、配合施工、后续管理、效果评价等全过程。

在实施管理方面，将组织各相关企业、管线专业经营单位等共同参与项目建设，推行工程总承包、全过程工程咨询服务实施改造模式，提高各地项目管理能力，同时保护城市风貌，延续好城市特色与历史文脉。在质量安全监管方面，将落实监管部门、参建各方责任，严控材料质量，建立公示制度，保障人民的知情权、参与权、监督权，主动接受社会各界监督。在完善改造长效管理机制方面，通过创新物业管理模式，鼓励物业服务企业合法提前介入，全程参与改造。

问：在改造资金筹措方面，《实施意见》作出了哪些规定？

答：结合我省实际，为更好地筹措老旧小区改造资金，在《实施意见》中提出了四个方面筹措机制。一是履行居民出资义务。要求各地制定居民出资相关政策标准。居民可以通过提取住房公积金，用于老旧小区改造和加装电梯。二是加强改造资金筹集。要求各地通过市场化融资、专业经营单位出资、财政性资金、使用国有住房出售收入等方式筹集改造资金。三是推动社会力量参与。专业经营单位应执行《黑龙江省住宅物业管理条例》有关规定，出资参与相关管线设施设备的改造。四是落实税费减免政策。对专业经营单位参与改造给予相应政策支持。对建设的配套服务设施，给予一定的税费减免政策。

问：《实施意见》提出了什么样的配套支持政策？

答：为加快老旧小区改造过程中的审批、监管、验收等工作，在《实施意见》中明确了相关支持政策。一是提高项目审批效率。提出老旧小区改造项目全流程审批时限最长不超过 15 个工作日。对老旧小区改造方案实行联合评审，联评联审确定的改造方案可作为直接办理有关审批手续的依据。同时，对规划许可、施工许可等审批手续提出了免于办理的条件。提出了办理竣工验收备案的基本条件。二是整合利用存量资源。要求各地有效利用机关企事业单位空置房屋，统筹利用公有住房、社区综合服务设施、闲置锅炉房等资源，发展社区服务。在不违反国家有关强制性规范标准、保障公共利益和安全的前提下，合理优化规划控制指标。三是明确土地支持政策。在土地供给方面，按不同条件进行划拨或出让。在改造过程中，增设公共服务设施需要办理不动产登记的，给予积极支持。

4.1.2 社区建设治理政策

党的十八大以来，以习近平同志为核心的党中央提出，要坚持以人民为中心，把人民群众的获得感、幸福感和满意度作为检验工作成效的第一标准。习近平总书记多次强调，要不断完善城市管理和服务，让人民群众在城市生活得更方便、更舒心、更美好；要打造共建、共治、共享的社会治理格局，加强社区治理体系建设，推动社会治理重心向基层下移，实现政府治理和社会调节、居民自治良性互动。

2020年8月18日中华人民共和国住房和城乡建设部、教育部、工业和信息化部、公安部、商务部、文化和旅游部、卫生健康委、税务总局、市场监管总局、体育总局、能源局、邮政局、中国残联发布了《住房和城乡建设部等部门关于开展城市居住社区建设补短板行动的意见》建科规〔2020〕7号。

2020年11月24日住房和城乡建设部、体育总局发布了《住房和城乡建设部 体育总局关于全面推进城市社区足球场地设施建设的意见》建科规〔2020〕7号。

2021年12月23日黑龙江省住房和城乡建设厅、黑龙江省发展和改革委员会、黑龙江省教育厅、黑龙江省公安厅、黑龙江省商务厅、黑龙江省文化和旅游厅、黑龙江省卫生健康委员会、国家税务总局黑龙江省税务局、黑龙江省市场监管总局、黑龙江省体育局、黑龙江省邮政管理局、黑龙江省通信管理局、黑龙江省残疾人联合会发布了《黑龙江省住房和城乡建设厅等部门关于开展城市居住社区建设补短板行动的通知》黑建设〔2021〕11号。

居住社区是城市社会最基础的单元和细胞，与居民生活息息相关，社区环境的好坏直接影响着城镇居民生活的体验和质量。为满足新时代人民群众对美好生活的需求，指导各地统筹推进完整居住社区建设工作，黑龙江省住房和城乡建设厅会同相关部门，组织专家编制了《黑龙江省完整居住社区建设标准（试行）》，加快推进我省城市完整居住社区建设工作。

工作要求：

（一）合理划分工作单元。居住社区建设补短板行动以居住社区为基本工作单元。按照《住房和城乡建设部等部门关于开展城市居住社区建设补短板行动的意见》《黑龙江省完整居住社区建设标准（试行）》要求，应合理确定居住社区规模，居住社区应以居民步行5～10分钟到达幼儿园、老年服务站等社区基本公共服务设施为原则，以城市道路网、自然地形地貌和现状居住小区等为基础，与社区居民委员会管理和服务范围相对接，原则上单个居住社区以（0.5～1.2）万人口规模为宜。要结合实际统筹划定和调整居住社区范围，明确居住社区建设补短板行动的实施单元。

（二）完善建设标准。对照《黑龙江省完整居住社区建设标准（试行）》，各地级以上市因地制宜细化完善居住社区基本公共服务设施、便民商业服务设施、市政配套基础设施、公共活动空间建设以及物业管理、社区管理机制的具体工作要求，健全完善社区警务室规划建设等长效机制，作为开展居住社区建设补短板行动的主要依据。

（三）因地制宜补齐既有居住社区建设短板。结合城镇老旧小区改造等城市更新改造工作，通过补建、购置、置换、租赁、改造等方式，因地制宜补齐既有居住社区建设短板。优先实施排水防涝设施建设、雨污水管网混错接改造。充分利用居住社区内空地、荒地及拆除违法建设腾空土地等配建设施，增加公共活动空间。统筹利用公有住房、社区居民委员会办公用房和社区综合服务设施、闲置锅炉房等存量房屋资源，增设基本公共服务设施和便民商业服务设施。要区分轻重缓急，优先在居住社区内配建居民最需要的设施。推进相邻居住社区及周边地区统筹建设、联动改造，加强各类配套设施和公共活动空间共建共享。加强居住社区无障碍环境建设和改造，为居民出行、生活提供便利。

4.2　愿景目标与工作路径

4.2.1　愿景目标

让居民能够生活在一个环境优美、设施完善、社会和谐、文化丰富、绿色环保的社区中，提升居民的生活品质和幸福感。

（1）改善基础

为满足居民安全需要和基本生活需求的内容，以市政配套基础设施改造提升以及小区内建筑物屋面、外墙、楼梯等公共部位维修为改造核心，体现对小区居民的基本关怀，保证老旧社区发展的全面性与平衡性。

（2）完善配套

为满足居民生活便利需要和改善型生活需求，重点关注环境及配套设施改造建设、小区内建筑节能改造、住宅建筑加装电梯等。深挖社区自然环境、历史文化等方面的特色资源，以“一社一景”为目标，重塑老旧小区活力与特色，打造特点鲜明、内涵丰富的社区风貌。

（3）提升服务

为丰富社区服务供给、提升居民生活品质、立足小区及周边实际条件积极推进的项目，提升老旧小区公共服务设施配套建设及其智慧化改造，切实提高人民群众的获得感、幸福感、安全感，建设具有严寒地区特色的宜居社区。

4.2.2　工作路径

发动群众“共谋、共建、共管、共评、共享”，激发人民群众的积极性。

（1）决策共谋。充分利用现代信息技术，拓宽政府与社区居民交流的渠道，搭建社区居民沟通平台。共同确定社区需要解决的人居环境突出问题，共同研究解决方案。

（2）发展共建。发动社区居民积极投工投劳整治房前屋后的环境，主动参与老旧社区改造，主动配合配套基础设施和公共服务设施建设，组织协调各方面力量共同参与人居环境建设和整治工作，鼓励党政机关、群团组织、社会组织提供人力、物力、智力和财力支持。

（3）建设共管。鼓励社区居民针对社区环境卫生、公共空间管理、停车管理、生活垃圾分类等内容，通过社区居（村）委会或居民自治组织，共同商议拟订居民公约并监督执行，加强对人居环境建设和整治成果的管理。

（4）效果共评。建立健全城乡人居环境建设和整治项目及“共同缔造”行动开展情况的监督考核标准和监督考核机制，组织社区居民、村民对活动实效进行评价和反馈，持续推动各项工作改进。

（5）成果共享。通过发动群众共谋共建共管共评，实现城乡人居环境建设和整治工作人人参与、人人尽力、人人享有，建设“整洁、舒适、安全、美丽”的社区环境，打造共建共治共享的社会治理格局。

第5章

老旧小区改造设计导则

5.1 基础管线

5.1.1 建筑周边管线整治

室外线缆梳理改造：

对小区室外各处外挂强、弱电线缆进行分类梳理（图 5-1），消防车道上方的线缆高度需大于 4m。

小区内所有架空线缆采用暗敷、穿管、埋地等方式处理。

5.1.2 统筹管线改造

1. 供电线路及电力设施改造

室外低压配电线路改造应考虑采用电缆埋地敷设方式，需满足现行国家、地方相关规范、标准要求。如有条件限制，必须采用架空电缆敷设时，敷设路径及架设工作需由有关单位进行统一规划、敷设、安装、梳理。

在对小区供电系统进行现场勘察的基础上，如发现变压器低压侧至楼栋单元内集中电表箱表前部分的电气线路有破损、老化等情况，应进行更换。更换线缆的载流量、参数等不应小于原电缆标准。图 5-2 为室外更换管线总平面图。

室外配电箱、设备如损坏或存在安全隐患，需进行更换。改造的计量表箱需采用符合国家和电力行业准入条件、标准的成套产品。

2. 弱电入户线路改造

室外架空进户的弱电线缆应考虑埋地入户。可采用穿保护管埋地并设置检修井（手孔井）的敷设方式。可考虑每个弱电运营部门各设置一个主干管道经各单元检修井（手孔井）引入各单元（图 5-3），并为将来的发展预留备用管道。弱电线路改造应由各运营商配合完成，应保证用户可自由更换运营商的需求，改造后需符合现行国家相关规范、标准的要求。

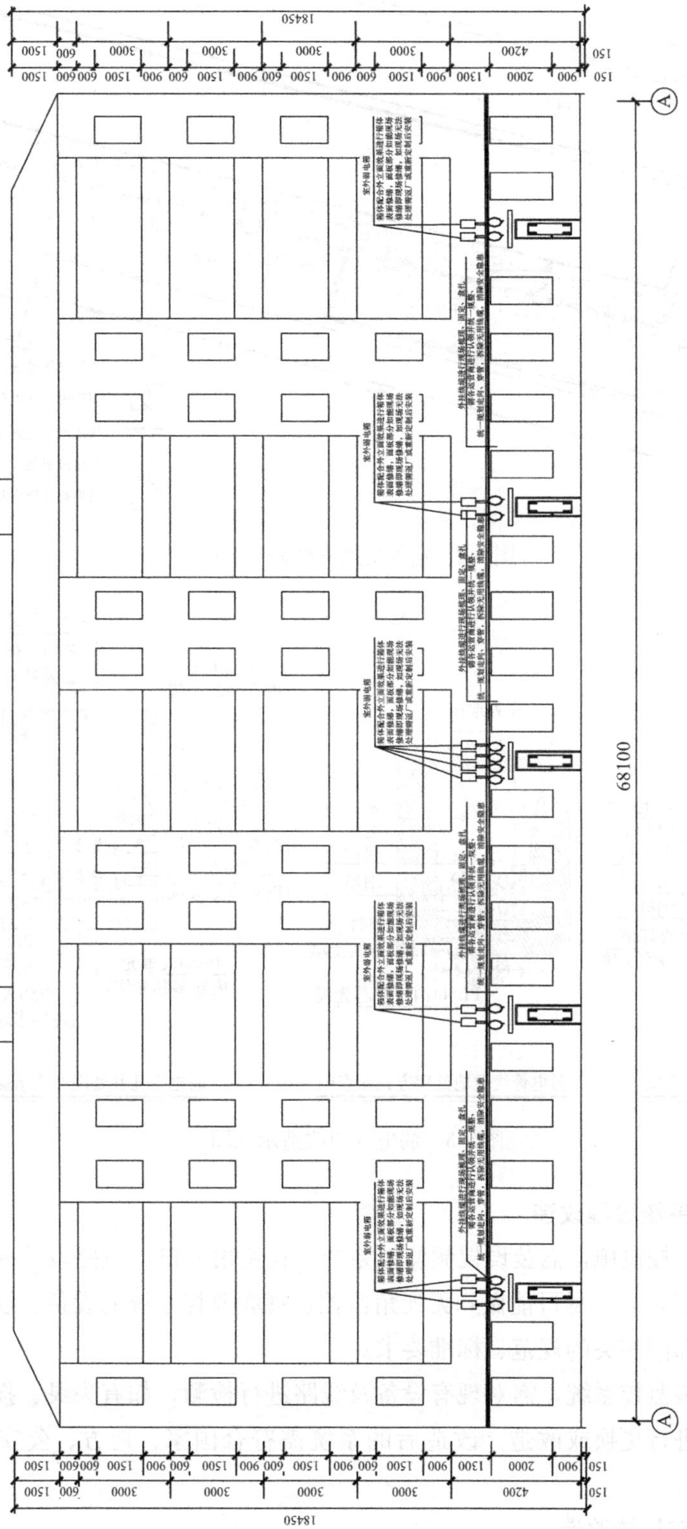
18450
68100
室外弱电箱

图 5-1　外立面外挂线缆梳理示意图

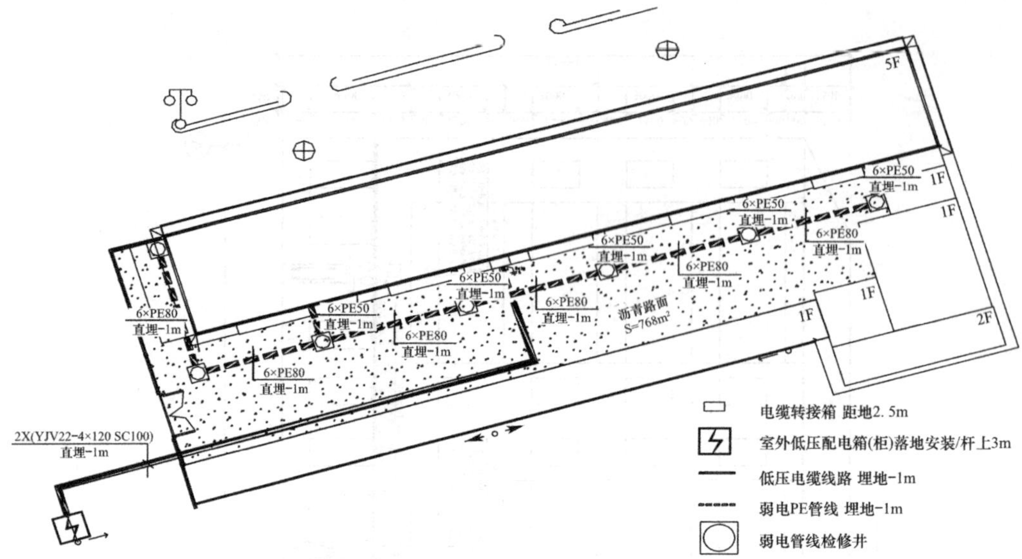
5F
6×PE50
直埋-1m
1F
6×PE80
沥青路面
S=768m²
2F
2X(YJV22-4×120 SC100)
电缆转接箱 距地2. 5m
室外低压配电箱(柜)落地安装/杆上3m
低压电缆线路 埋地-1m
弱电PE管线 埋地-1m
弱电管线检修井

图 5-2　室外更换管线总平面图

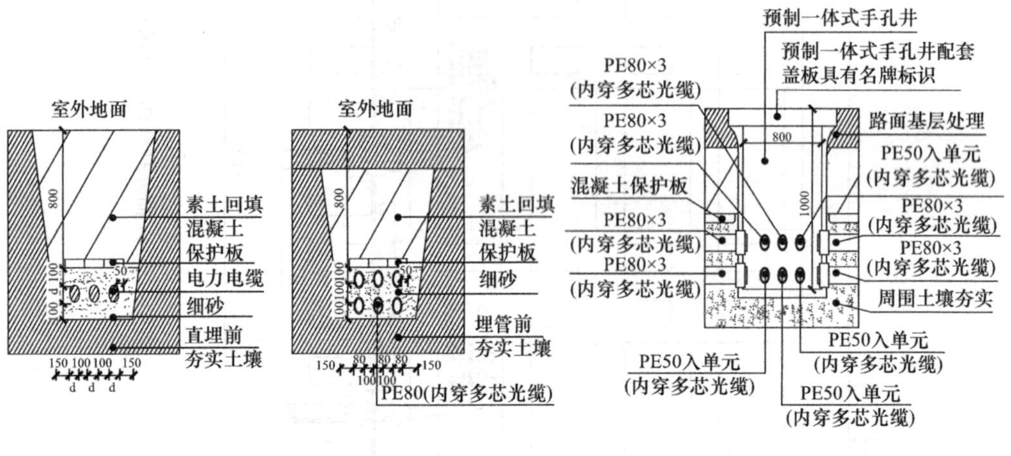
室外地面
素土回填
混凝土
保护板
电力电缆
细砂
直埋前
夯实土壤
细砂
埋管前
夯实土壤
PE80(内穿多芯光缆)
预制一体式手孔井
预制一体式手孔井配套
盖板具有名牌标识
PE80×3
(内穿多芯光缆)
路面基层处理
PE50入单元
(内穿多芯光缆)
混凝土保护板
周围土壤夯实

电缆直埋处理方式示意图　弱电管线埋地处理方式示意图　弱电手孔井处理方式示意图

图 5-3　弱电入户改造示意图

3. 安防监控系统设施改造

小区内如无监控设施，需装设视频监控系统，在主出入口、主路段等区域安装高清视频监控摄像机（图 5-4），尽可能做到无死角监控。视频监控系统的设备、线路等须符合国家、地方、公安部门相关的规范、标准要求。

如小区已安装监控系统，需对现有设备及线路进行检测，如有失灵、损坏、老化等情况，需对原系统进行更换或改造。改造后的系统需符合国家、地方、公安部门相关的规范、标准要求。

4. 门禁、停车设施改造

小区出入口需设置门禁及车辆出入口道闸管理系统（图 5-5）。

图 5-4　监控摄像机

5. 智慧化改造

小区通信网络需满足居民日常生活及智慧住区应用需求，同时考虑预留发展容量，以保证满足小区未来网络的升级和 5G 建设的需求。

网络改造宜实现光纤到户通信系统，并需符合国家相关规范、标准的要求。

宜结合网络改造工作实现居民家庭适老、助老的呼救系统。

图 5-5　出入口道闸管理系统

6. 给水排水设施改造

（1）给水设施符合以下条件的应修复或更换：

① 供水设施、管材材质等不符合现行国家卫生标准和相关规范要求的。

② 给水管道使用年限较长，存在跑、冒、滴、漏现象，阀门锈蚀、漏水。

③ 给水入户装置至公共空间分户计量表之间老化、破损、跑漏严重的管道。

维修清理二次供水设备，修补、改造、增设水池水箱，满足防水防漏要求、安全防护要求及用水卫生要求。有条件的小区，可更换为环保节能型全自动二次供水设备。改造后供水设施及管材材质应满足现行国家相关规范要求，符合相关卫生标准的规定，保证水质安全、水压稳定并节能环保。

（2）污水设施符合以下情形的应改造或更换：

① 排水系统雨污水管道错接、混接。

② 楼栋排水出户清扫口至排水检查井之间的管道腐蚀、破损严重的。

③ 污水管道、检查井、化粪池等排水设施年久失修，出现严重的破损、沉降、渗漏、老化、积水及影响周围环境质量的问题。

小区室外排水管道管径应经计算确定，室外污水排水干管管径不得小于 200mm。

对于餐饮集中的小区，餐饮企业应增设隔油池，同时在设计时应适当加大排水管管径和设计坡度。

改造后宜分别设置雨水和污水管道，实现雨污分流，同时设置雨水溢流及下渗设施。

（3）雨水设施符合以下情形的应改造：

① 雨水管道排水能力不足，经修复或更换不能解决根本问题的。

② 雨水管道、检查井、雨水箅等排水设施年久失修，出现严重的破损、沉降。

③ 埋深过深和过浅的管网。

小区内检查井宜采用钢筋混凝土检查井，对于老的检查井应进行加固和防水处理，雨水口及检查井井盖材质采用球墨铸铁。

场地规模较小且无室外雨水系统的小区，可利用小区内道路找坡将雨水散排至市政道路，条件允许时可增设雨水系统。规模较大的小区能够实现表面径流排水，可不设置雨水系统。新建雨水管道设计重现期不宜低于两年（哈尔滨不宜低于三年）。

对楼栋住户内腐蚀、破损、跑漏严重的给水排水设施应根据民意调查结果和住户意愿进行改造。

尚未实现“一户一表，一户一阀”的住户，室内分户计量表或阀门应根据国家政策、技术标准、民意调查结果进行改造。

管线改造宜采用暗敷或增设管井，不宜出现影响疏散的凸出物或其他障碍物；改造后不应缩减原有疏散宽度。

（4）供暖设施改造：

① 供暖设施、管材材质等不符合相关政策要求的应更换或改造。

② 供暖管道使用年限较长，存在跑、冒、滴、漏现象，阀门锈蚀、漏水应更换。

③ 供暖入户检查井至公共空间分户计量表之间老化、破损、跑漏严重的管道应予以更换。

④ 供暖入户检查井至公共空间分户计量表之间保温层脱漏、破损的管道保温层应予以更换。

尚未实现“一户一表，一户一阀”的住户，室内分户计量表或阀门应根据民意调查结果及国家政策进行改造。

改造后的供暖设施及管材材质应满足现行国家相关规范、标准的要求，保证供暖质量并节能环保。

7. 消防设施的排查及修缮

已设置消防设施的小区，应维护消防设施，确保小区消防设施完好有效。未设置消防设施的小区，应与消防相关部门及专家联合论证，在现有条件基础上增设消防设施。

5.1.3 管沟开槽与铺设

1. 管道材质要求

弱电预埋管所使用的材质、设施、附件、器材等应符合国家现行规范、标准的规定、要求，并应具备产品合格证书。

管材的型号、质量应与设计相符。管的表面不得有裂纹、凹凸不平等情况，或存在其他妨碍正常使用的缺陷。外观质量及尺寸公差应符合现行国家规范、标准的规定、要求。

2. 施工工艺及流程

施工工艺流程为：各部门进行技术交底、现场施工测量、沟槽开挖、管道敷设、管道安装及连接、土方回填作业等。

（1）技术交底

在施工之前需仔细了解设计资料、图纸，施工前组织图纸技术交底，对图纸上存在的疑问及现场的具体情况进行分析、解决。

施工前应与各相关单位进行技术交底。确定主要工序和关键部位的施工技术要求。各处隐蔽工程的具体位置及标高均应与现场操作人员进行确认，所有交底记录及确认文件应进行留存备案。

（2）施工测量

及时进行现场勘测，必须探明、了解地下各类管线情况，分类进行相应处理。如有需要特殊处理的管线或其他难以解决的问题需与甲方及相关各部门一同协商处理。

在现场施工中，应确定实际测量数据并进行相应的交接，现场测量标志应保证坚固稳定，应对测量标志进行保护。

（3）沟槽开挖

现场开挖沟槽时需采用人工配合机械的方式。在开挖沟槽和设置检查井时，需由人工修整边坡。

沟槽开挖的宽度、沟槽深度、夯实质量、槽壁平整度、边坡坡度等应符合设计及国家规范、标准的要求、规定。

（4）管道敷设

小区内的道路路基与市政道路路基不尽相同，市政道路的路基一般为原土碾压形成的路基、开挖形成的路基和回填碾压形成的路基。小区内的道路路基为回填碾压后形成的路基。小区内的过路管道需在已经成型的路基上进行开挖、埋设，所开挖的深度及埋设管道位置要综合各种因素且避开与道路路基交叉施工。埋设时需遵循从深到浅的施工顺序，禁止交叉埋设。

① 下管前检查

在下管之前需对沟槽进行仔细检查，进行下管前必要的处理，并对槽底杂物进行清理，保证满足设计及国家规范、标准的要求。

② 管道坡度

管道敷设时应保证具有一定的坡度，以便渗入管内的地下水流向孔井，管道敷设的坡度为 3%～4%。

③ 沟槽深度

沟槽的基础水平深度不小于 50cm，管间的间隙不小于 6cm。

④ 室外管线进入建筑的处理

如，室外弱电管线进入建筑借用弱电孔井。室内至室外需留 4%坡度。

⑤ 管井设置

管道交叉及拐弯时设置孔井，两孔井间距不超过 50m。

（5）管道安装及连接

管道的安装可采用人工安装方式。

管道连接，公称直径小于 200mm 的平壁亦可采用插入式粘接接口。

（6）土方回填

回填方的土料应符合设计、规范、技术标准的要求，需保证回填的强度及稳定性。管道的顶面标高以上 500mm 至槽底部的回填土可采用人工填土夯实或机械回填夯实，不可有大于 50mm 的砖、石或其他硬块。

管道的两侧和管顶以上 500mm 范围内的回填土，应由沟槽的两侧对称运入，不得将回填土直接扔在管道上。在回填其他的部位时，应均匀地将回填土运入沟槽内，不得直接将回填土集中推入沟槽内。

回填土工作应逐层进行，不得损伤管道。管道的两侧和管顶以上 500mm 的范围内，需采用轻夯压实，管道两侧压实面的高差不超过 300mm。

（7）过路管道埋设施工工艺

路基开挖时宜人工作业，确需采用机械开挖时，注意不得挖得过深、不得扰动路基，开挖后再进行人工清理，并利用电动打夯机进行夯实以确保管道基础的稳定性。按顺序完成各过路管道的埋设，避免管道埋设完成后又要重新开挖，影响工程的整体进度和工程质量。

过路管道埋设施工时由于施工场地有限，且各类管道错综复杂，同时采用的工艺也比较复杂，在现场施工时要严格施工管理，操作满足技术标准要求，提高安全质量意识，保证路基质量。

由于小区内的道路过路管道埋设一般较浅，要求开挖的须当天埋设结束。开挖工作需避开雨季，需避免扰动路基，应根据管道直径及数量来选择相应的挖掘机械，开挖后采用人工清理和夯实。

过路管道垫层宜采用砂垫层，施工前先人工将沟槽底部整平夯实，密实度需达到 85%～90%。根据设计的坡度，拉线整平，需确保在砂垫层摊铺结束并夯实后，能满足图纸设计的要求。

应选用满足设计要求的管材以正确的坡度埋设。小区道路一般不宽，过路管道埋设时不得在道路的中间进行连接。

各段管道安装完成并经过验收后，需对管道包封或加混凝土盖板保护，应采用不同的方式和不同的材料包封，与不同承压力的管材相适应，管道四周应夯实，其密实度需满足设计要求。

管道沟槽回填可采用灰土或与路基相同的材料进行分层夯实回填，不应直接使用挖出的沟槽材料回填，需采用新加工的材料回填。

5.2 道路停车

5.2.1 路面改造

居住区内道路是指居住区的内部道路。各级道路的宽度应符合《城市居住区规划设计标准》GB 50180 的规定。在老旧小区道路系统改造过程中，道路宽度需谨慎考量。

在老旧小区道路改造设计中，应在满足相关规范、标准的基础上，结合停车情况考虑道路宽度，有相对集中停车时道路宽度控制在 4.5m 左右，并适当考虑以下要求：①小区内道路要通畅，应考虑消防车、救护车等车辆的回车等问题。②考虑原有道路特点，便于居民自有车辆的通行，保证行人、骑车人的安全便利。③在保留现有高大树木的基础上，妥善处理好小区道路与绿化、铺装地面的界面关系（图 5-6～图 5-9），另外可以结合小区特点选用多样化的铺装方式和铺装材料，丰富小区道路效果，提升小区环境品质。

图 5-6　道路改造前现状一

图 5-7　道路改造中效果一

图 5-8　道路改造前现状二

图 5-9　道路改造中效果二

道路冻胀，是冬季在路基土中沿着温度降低的方向生成了冰晶体形状的霜柱，使路面产生隆起的一种现象。这种冻胀破坏与冬季道路除雪情况及路面施工接缝情况密切相关。施工时在路面中心如果有接缝，则接缝处水平方向的抗拉强度比路面其他部分要低。在春融期，由于路基中冰晶体的融化，使土基或垫层承载力降低。对砂石路，春融期间在荷载的作用下产生的翻浆现象，将会使道路出现严重病害。

5.2.2 停车规划

小区停车位是为满足居民停放车辆而规划的停车空间或机械停车设备中停放车辆的部位。

小区停车位的设置遵循以下原则：①在满足居民日常生活及娱乐休闲需求的情况下，尽可能地多设置绿荫停车位（图 5-10、图 5-11），将机动车位与绿植有效结合。②利用小区景观变化，设计出集中停车位和分散停车位等不同空间（图 5-12、图 5-13）。③明确车位位置，应画线标明，避免乱停车。④小区设置统一的非机动车停车棚，合理安排位置，出入便利，并结合小区环境设计。⑤小区可预留立体停车场地。

图 5-10 45°角绿荫停车位

图 5-11 垂直式绿荫停车位

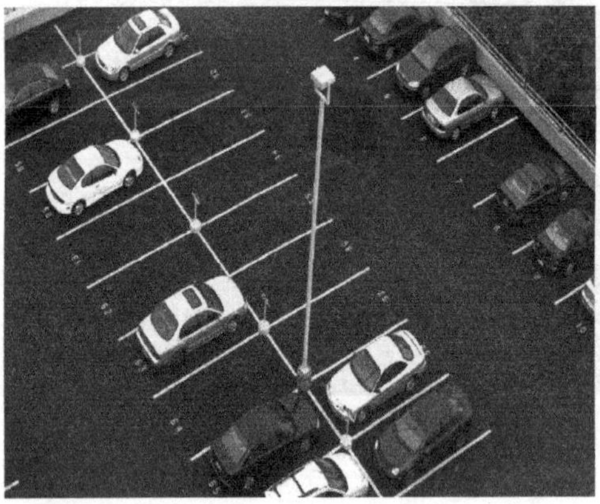

图 5-12 集中停车位

图 5-13 分散停车位

5.2.3 消防通道

消防通道是火灾时供消防车通行的道路。消防车道应符合如下设计要求：

(1) 消防车道的净宽和净空高度均不应小于 4m，供消防车停留的空地其坡度不宜大于 8%。

（2）环形消防车道至少应有两处与其他车道连通。

（3）尽头式消防车道应设回车道或回车场，回车场不应小于 12m×12m，对于高层建筑，不宜小于 15m×15m；供大型消防车使用的回车场不宜小于 18m×18m。

（4）消防车道下的管道和暗沟应能承受大型消防车的压力。

（5）消防车道穿过建筑物的门洞时，其净高和净宽不应小于 4m；门垛之间的净宽不应小于 3.5m。

（6）高层建筑周围应设置环形消防车道，当设置环形消防车道有困难时可沿建筑两个长边设消防车道。

5.2.4　无障碍通行

坡道是设在建筑物出入口的辅助设施，用来解决建筑物室内外的高差问题。无障碍坡道方便残疾人和老年人出行，是残疾人参与社会生活的基本条件，体现了人文关怀，是社会文明进步的重要标志。

设计时，要在严格执行相关规范、标准的基础上，遵循以下原则：①无障碍坡道：关注老年人、残疾人的生活需求，结合小区建筑风格等实际特点，选用多种坡道设计方式（图 5-14～图 5-17）。②参照国家建筑标准设计图集《工程做法》23J909。

图 5-14　直角无障碍坡道

图 5-15　直线无障碍坡道一

图 5-16　转折无障碍坡道

图 5-17　直线无障碍坡道二

5.3 公共设施

5.3.1 公共服务设施

老旧小区改造中涉及的公共服务设施主要包括垃圾收集、路灯、座椅、健身器材等。

在老旧小区公共设施的规划与设计中，要在认真执行相关规范、标准的基础上，充分考虑如下要求：①关注小区特点，加强对环境中细节的考虑，处理好各类公共服务设施的安放位置与环境的关系，使其与小区的整体风格相协调。②小区入口处，应设置简单、明显的标识。③垃圾投放点不宜设置在小区入口处，应在使用方便的基础上考虑小区环境、居民习惯和地面清洁问题（图 5-18）。④小区室外灯具应使用节能灯，并尽量避开住宅窗户、避免干扰；庭院灯应以低矮灯为主，当距离居民窗户近时，高度不得超过窗高。⑤绿化景观中宜设置座椅，便于居民休息、纳凉（图 5-19）。⑥小区内公共设施的规划、设计应考虑便于日常维护管理，例如对健身器材的日常管理（图 5-20）。⑦小区公共设施的设置种类、位置、数量等应广泛征求社区管理部门和居民的意见。

厨余垃圾
Kitchen waste

图 5-18　垃圾投放点

图 5-19　座椅

5.3.2 场地设施

场地设施改造包括小区道路、庭院照明、户外照明系统的改造。

如小区设有道路、庭院照明，需对小区的路灯（图 5-21）、庭院灯及其配电线路进行检测，当不满足使用要求、安全要求、节能要求时，需对灯具及线路进行更换或改造。改造后的照明灯具应采用节能型灯具或 LED 灯具，控制方式应满足节能要求。

小区未设置道路、庭院照明时，新增设的路灯、庭院灯宜采用太阳能灯具及 LED 节能光源。改造后的路灯、庭院灯设备、配电系统、防雷和接地系统、控制方式、电击防护等技术要求应符合现行国家规范、标准的相关规定。

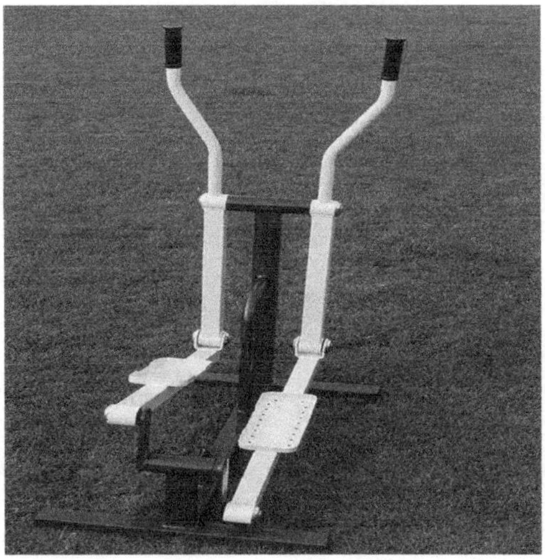

图 5-20 健身器材

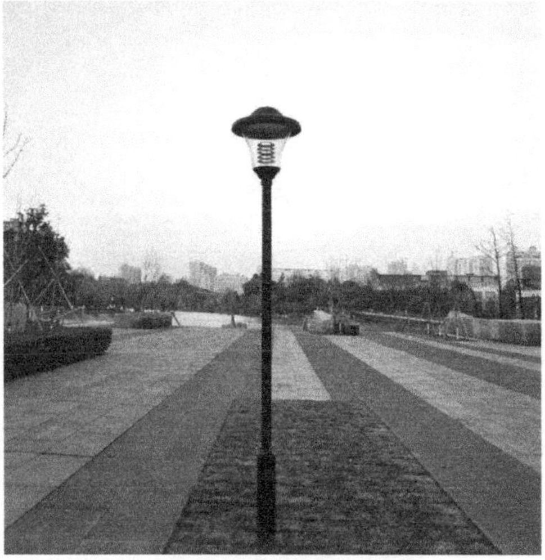

图 5-21 路灯

如有新增景观照明系统，需结合室外立面景观改造一同进行。改造后需符合城市夜景照明专项规划及相关规范、标准的要求（图 5-22）。

(a) (b)

图 5-22 景观照明系统

第三篇　实　践　篇

第6章

基础类改造

6.1 地质小区

6.1.1 基本情况

地质小区设计改造用户219户，待改造住宅楼5栋，总建筑面积约1.35万m^2，建成于1983年。小区居民积极配合改造，综合考虑决定将该小区打造为基础类旧改小区（图6-1～图6-4）。

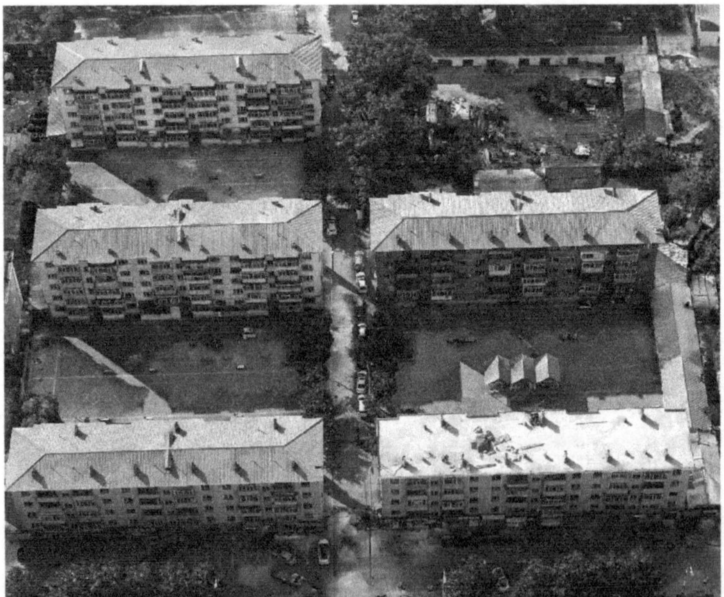

图6-1 地质小区鸟瞰图

图 6-2　地质小区外观现状

图 6-3　地质小区户外现状一

图 6-4　地质小区户外现状二

6.1.2　改造方案

1. 基础管线

地质小区建成年代较早，原有供暖系统是老设计标准下的地沟内布置总管线系统，本次改造将供暖主管线外移，用在楼梯间分户供暖的方式来满足现行供暖规范的要求。本次将对全小区供暖管线进行改造。改造供暖管线长度约 1414m。供暖楼梯间立管采用无缝钢管室外直埋，入户部分采用聚氨酯泡沫塑料预制保温管。同时供暖总管线系统改为 2 号、3 号楼，以及 1 号、4 号、5 号楼两套供暖总线系统，增大了供暖水量和供暖末端压力，改善了原有的供暖质量。通过此次改造，能够极大地提高住户室内温度，使其达到室内供暖温度要求（图 6-5）。

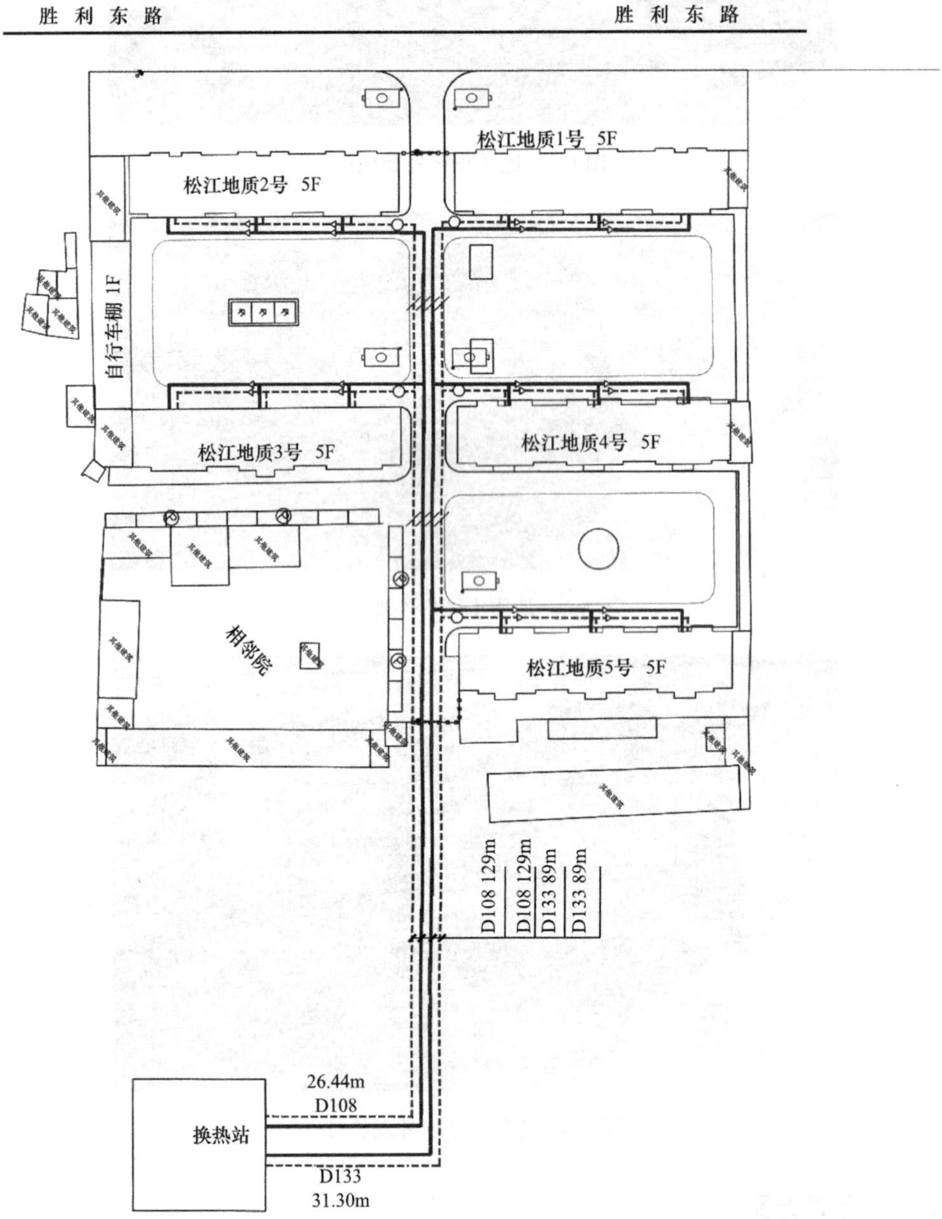
胜 利 东 路
胜 利 东 路
松江地质1号 5F
松江地质2号 5F
自行车棚 1F
松江地质3号 5F
松江地质4号 5F
相邻院
松江地质5号 5F
D108 129m
D108 129m
D133 89m
D133 89m
26.44m
D108
换热站
D133
31.30m

图 6-5　地质小区供暖改造图（局部）

因地面坡度和历史遗留问题，地质小区及附近周边建筑原有排水未经污水处理厂处理向王三五河排放。近些年市政污水系统更新，为满足环保要求，在胜利东路布置了一套新建的污水主管网。本次老旧小区改造将地质小区污水管线重新梳理，合理编排使之接入新建的市政排水管网。由于城市地处严寒地区，地质小区住户又以老年人为主，居民的分类排放意识较差，所以本次改造采用单楼设置化粪池，集中污水处理后排放到污水主管网，以减轻市政排水系统后期处理的压力。本次对全小区污水管线进行改造（图6-6）：设置化粪池5个（$30m^3$），改造污水井34个，污水管线长度约401m。通过此次改造能极大缓解排水反味、排水不通畅、污水井及小区管路沉陷的现状。

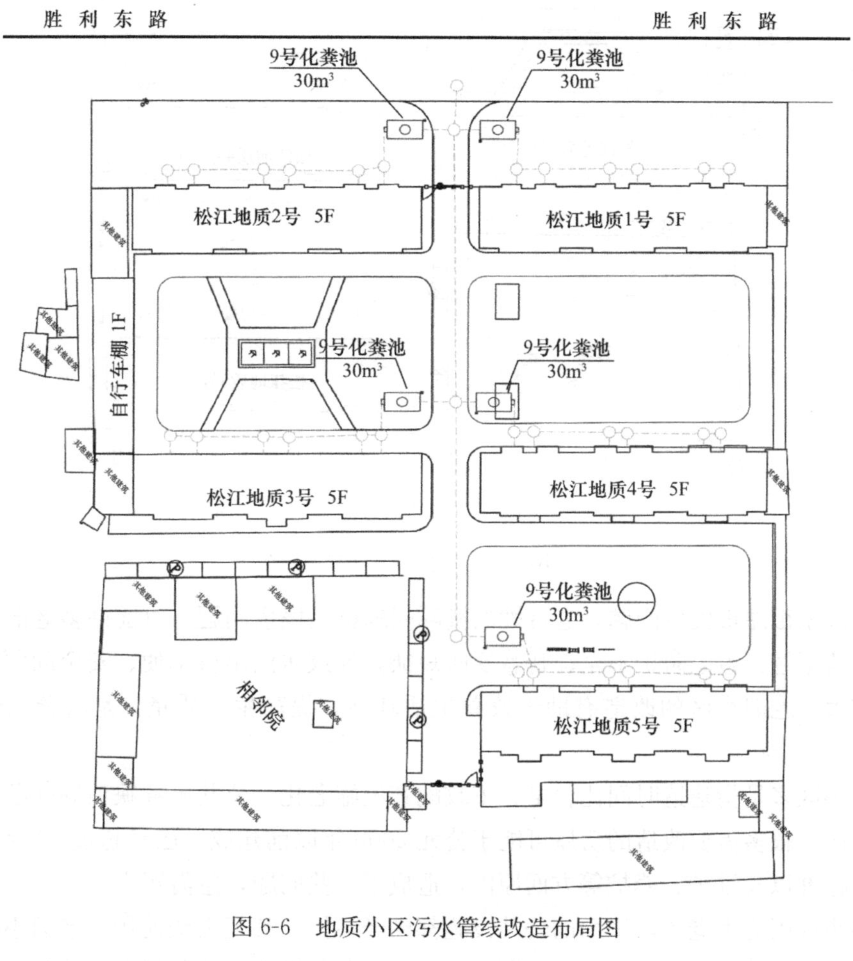
胜 利 东 路
胜 利 东 路
9号化粪池
30m³
9号化粪池
30m³
松江地质2号 5F
松江地质1号 5F
自行车棚 1F
9号化粪池
30m³
9号化粪池
30m³
松江地质3号 5F
松江地质4号 5F
9号化粪池
30m³
相邻院
松江地质5号 5F

图6-6　地质小区污水管线改造布局图

以前的地质小区没有专门的雨水管网，又加上地势处于低洼地带，在雨季经常发生路面泥泞、影响住户出行的情况。小区雨污合流，使市政污水处理系统增加了压力和处理成本，而且雨季经常发生污水井反味的情况。本次老旧小区改造采用了雨污分流系统，雨水单独成线，同时配合市政系统新敷设的胜利路雨水管网，使得地质小区在雨季能够达到雨后不留痕、居民出行方便的总体目标。同时本次改造增加的绿地同样能增加本小区的涵水量，以达到海绵城市的建设要求。本次对地质小区全小区雨水管线进行了改造，改造雨水井26个，雨水管线长度约576m（图6-7）。

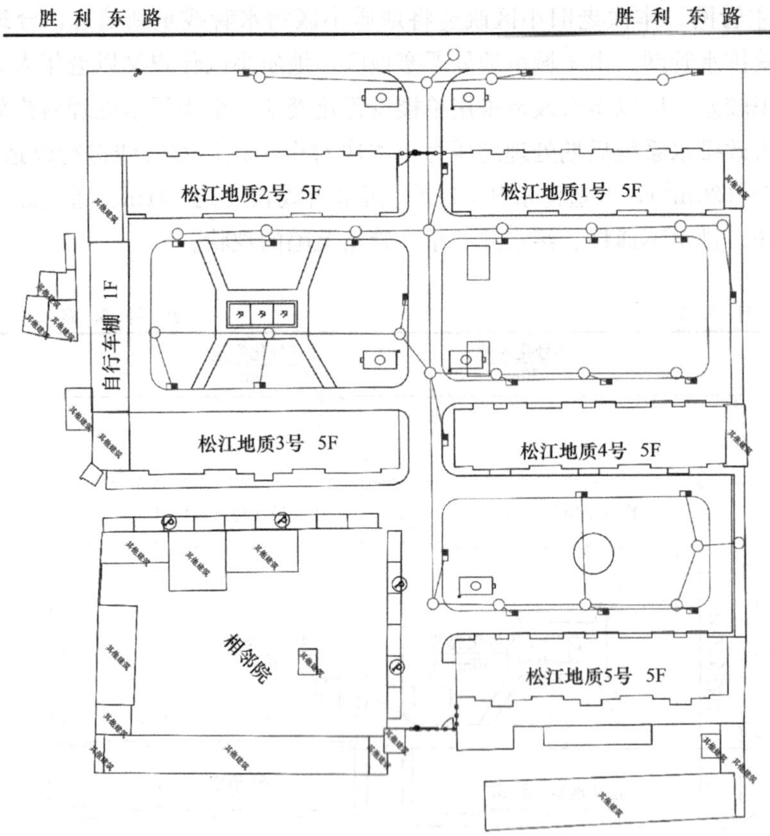
胜 利 东 路
胜 利 东 路
松江地质2号 5F
松江地质1号 5F
自行车棚 1F
松江地质3号 5F
松江地质4号 5F
相邻院
松江地质5号 5F

图 6-7 雨水管网分布图

如今国家很注重民生问题，老百姓的实际问题就是民生问题。目前许多老旧小区缺少路灯、通信不畅、雷电防护不全、智慧安防短缺，导致居民出行不便、安全问题突出，安全隐患较大。老旧小区的改造有助于改善生活环境，提高生活质量，是改善民生的重要措施。

老旧小区多是指建造时间比较早、市政配套设施老化、公共服务缺项等问题比较突出的居住小区，很多需要改造的房屋可能于公元 2000 年以前建成，已经超过 20 年，由于原来的设计标准以及维护、养护等方面原因，造成了一些问题，急需解决。

一些小区因为太老了，里面的公共设施都已经坏掉，甚至无法使用。老旧小区的公共设施和外部环境等都存在一些安全问题。老旧小区公共设施改造包括完善消防水源和消防设施，实施电气改造，规范燃气管线敷设，改造消防通道、电梯等，改变和完善老旧小区各项设施，包括房屋修缮、规范楼内管线、规范户外供暖设施等。

老旧小区改造完成后道路明亮、通信通畅、雷电防护安全、安防监控无死角，陈旧的问题得到基本的解决，使老百姓生活品质得到基本的提升。

弱电管线外网铺设改造（以实际改造数据为准），有线电视和通信预埋管总计约 1500m 长，沿线设置尺寸为 600mm×600mm×900mm 的混凝土手孔井 20 个，太阳能路灯 12 个，监控数据线和电源线分别约为 500m，监控护管约为 1000m，监控摄像头 7 个，室外扬声器 6 个，广播线管约 320m（图 6-8～图 6-11）。

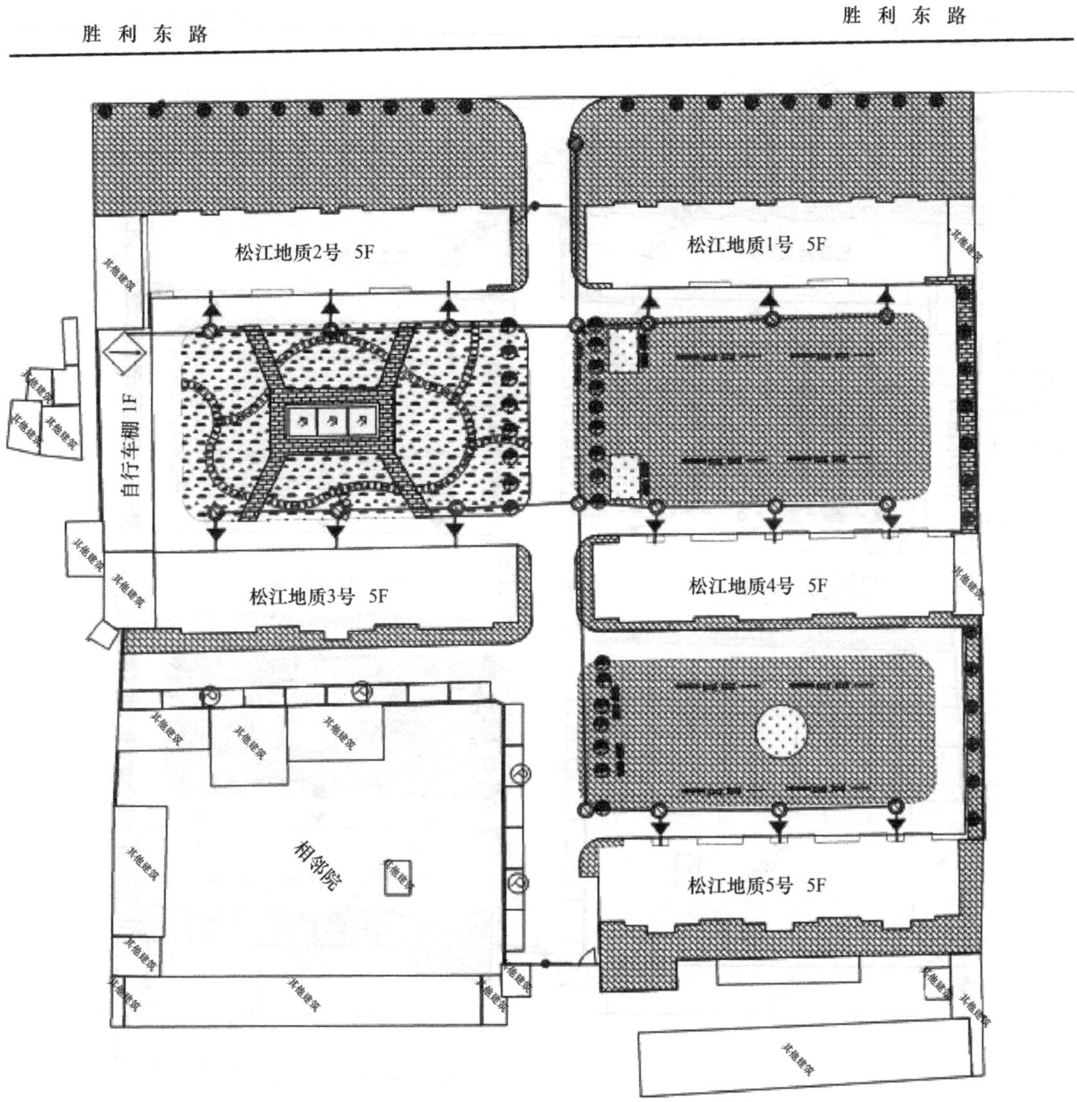
胜 利 东 路
胜 利 东 路
松江地质2号 5F
松江地质1号 5F
自行车棚 1F
松江地质3号 5F
松江地质4号 5F
相邻院
松江地质5号 5F
其他建筑

注：信息点现场勘测，具体的光交箱位置由各通信公司提供为准。

图 6-8　弱电管线外网示意图

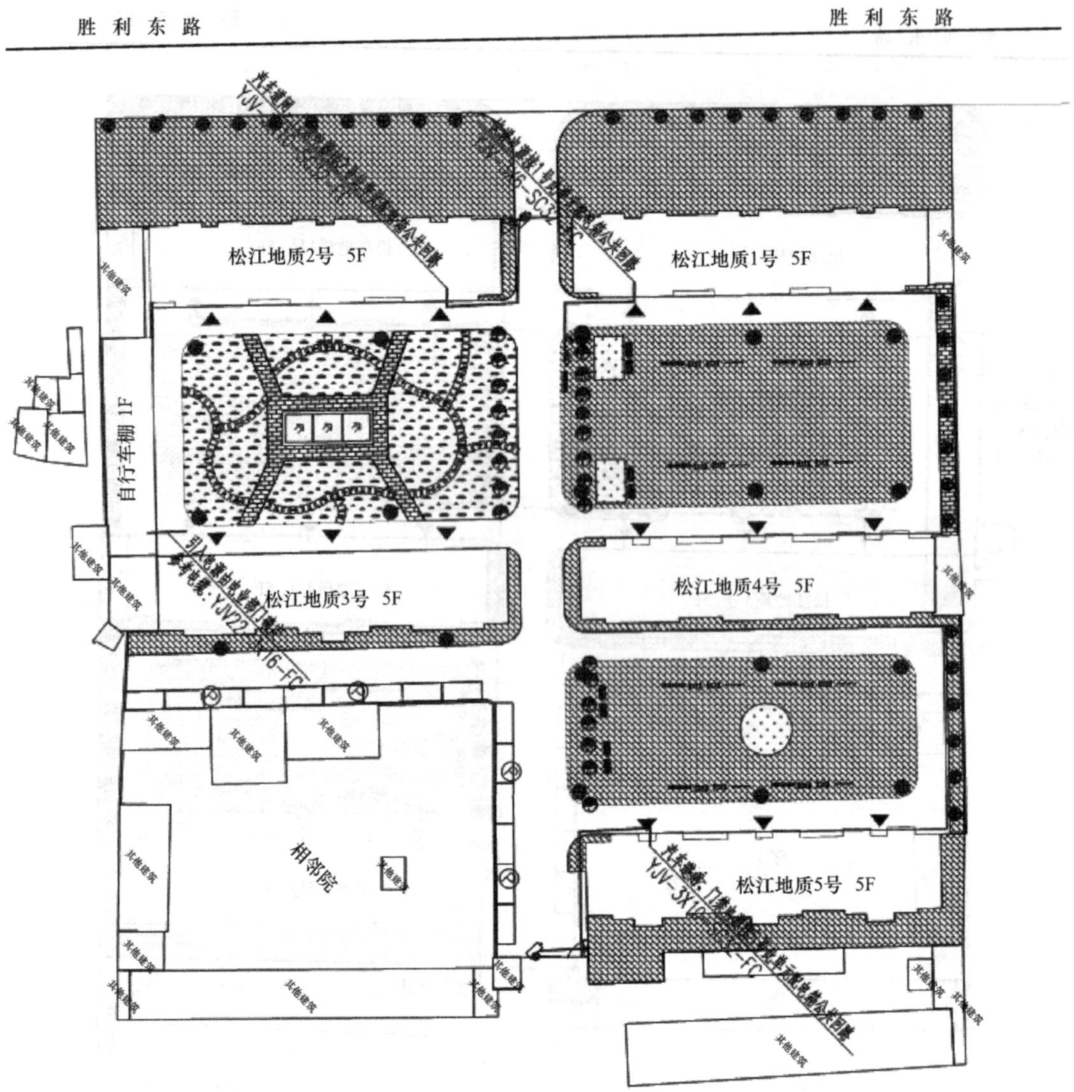
胜 利 东 路
胜 利 东 路
松江地质2号 5F
松江地质1号 5F
自行车棚 1F
松江地质3号 5F
松江地质4号 5F
相邻院
松江地质5号 5F
其他建筑

图 6-9　太阳能路灯布置示意图

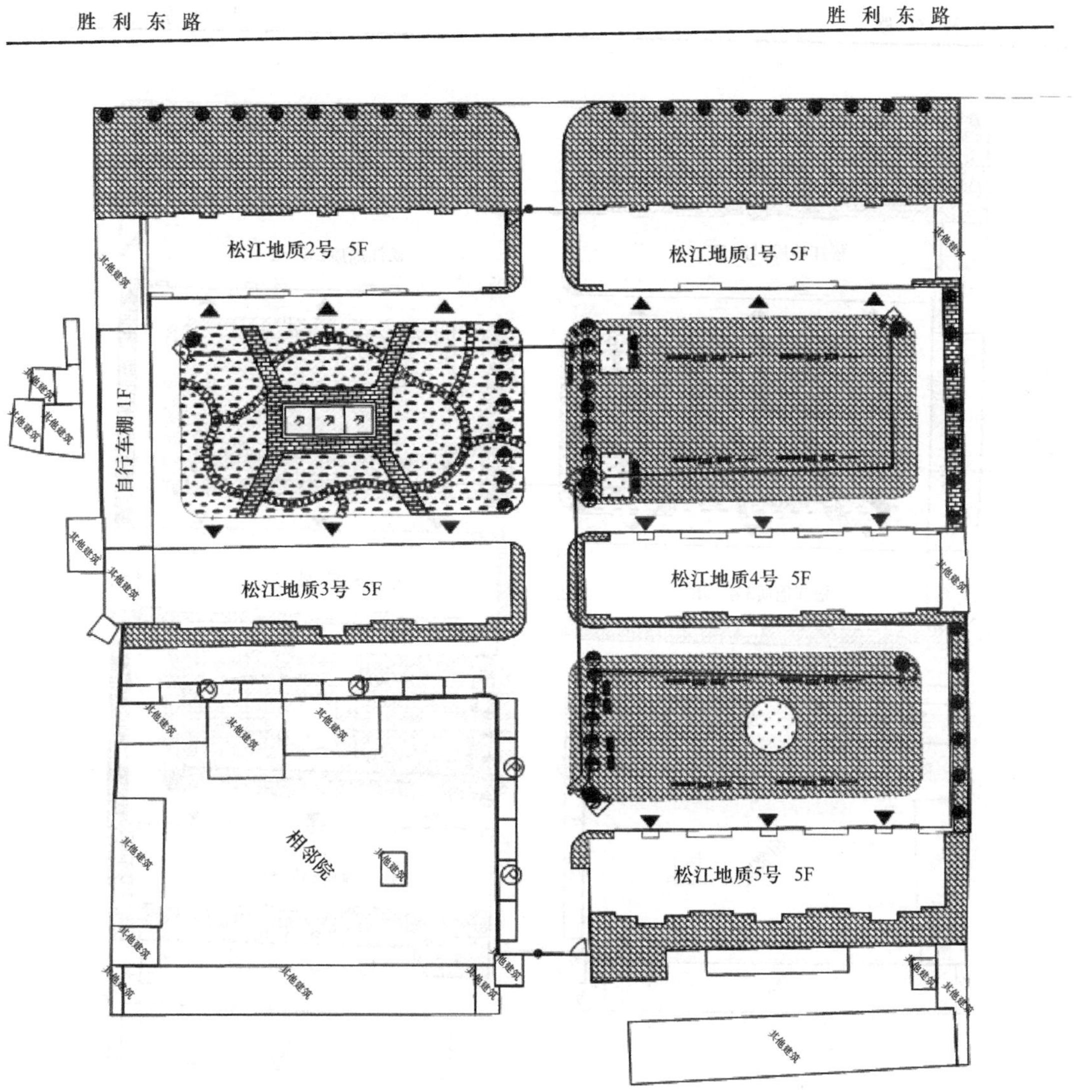
胜 利 东 路
胜 利 东 路
松江地质2号 5F
松江地质1号 5F
自行车棚 1F
松江地质3号 5F
松江地质4号 5F
相邻院
松江地质5号 5F
其他建筑

图 6-10　道路监控平面示意图

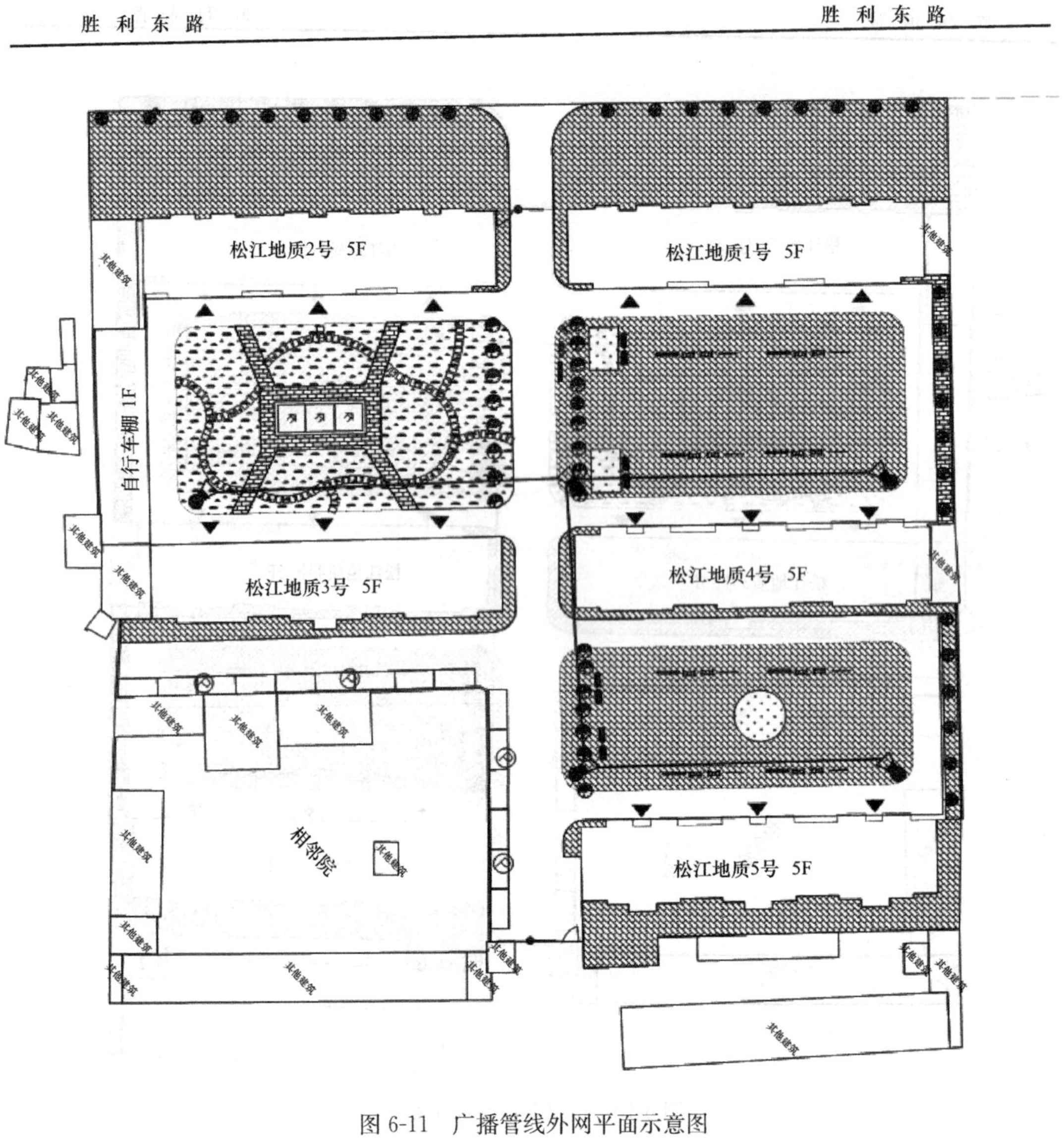
胜 利 东 路
胜 利 东 路
松江地质2号 5F
松江地质1号 5F
自行车棚 1F
松江地质3号 5F
松江地质4号 5F
相邻院
松江地质5号 5F

图 6-11 广播管线外网平面示意图

2. 道路停车

（1）路面改造

重新梳理小区道路路网，统一道路宽度，满足消防车道和日常生活需求。

在满足车辆通行的同时，将原有小区不规则道路进行整合，将主路统一调整为 6m 宽，各支路为 4.5m 宽。

在支路部分增加人行道、停车位、绿篱、休闲座椅以及太阳能庭院灯等小区的配套设施（图 6-12）。

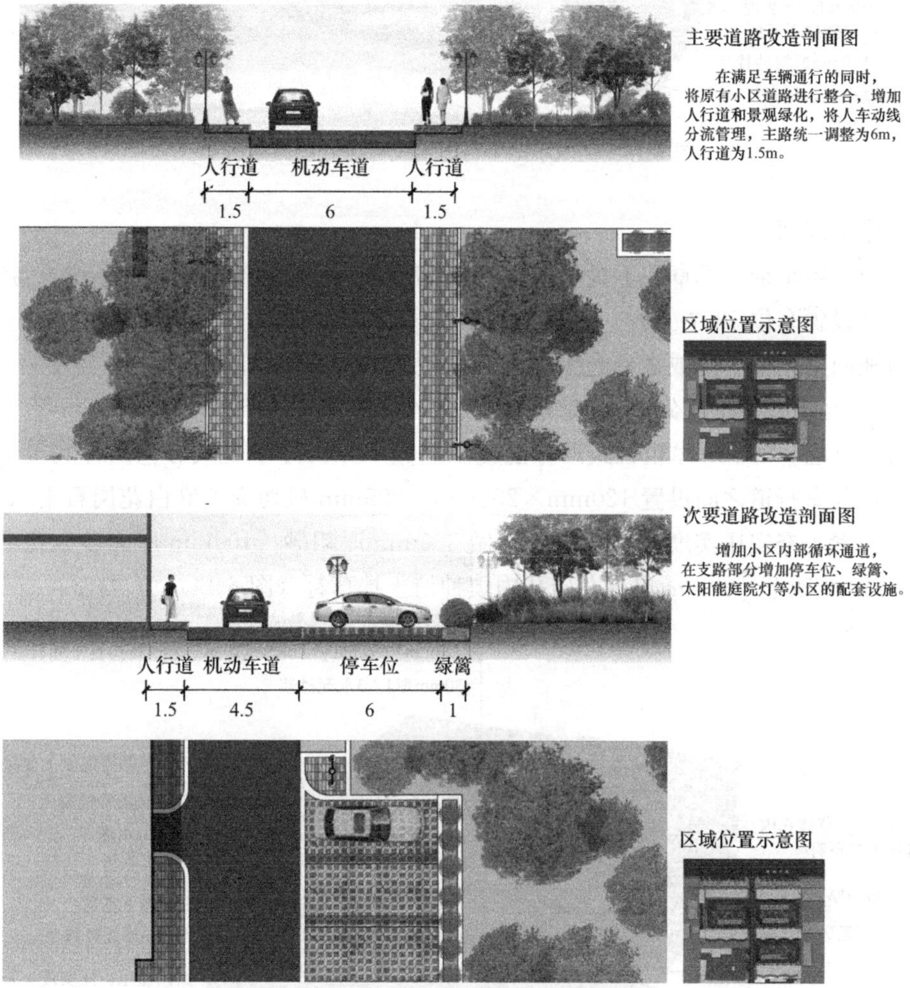
主要道路改造剖面图
在满足车辆通行的同时，将原有小区道路进行整合，增加人行道和景观绿化，将人车动线分流管理，主路统一调整为6m，人行道为1.5m。
人行道
机动车道
人行道
1.5
6
1.5
区域位置示意图
次要道路改造剖面图
增加小区内部循环通道，在支路部分增加停车位、绿篱、太阳能庭院灯等小区的配套设施。
人行道
机动车道
停车位
绿篱
1.5
4.5
6
1
区域位置示意图

图 6-12　主次道路改造剖面图（单位：m）

车道改造后路面采用沥青混凝土覆面。路基碾压压实度为 93%以上，150mm 厚粗砂找平后分别做 180mm 厚 5%水泥稳定砂砾下基层和 140mm 厚 5%水泥稳定砂砾上基层，80mm 厚粗粒式沥青混凝土上做 40mm 厚中粒式沥青混凝土面层（图 6-13）。

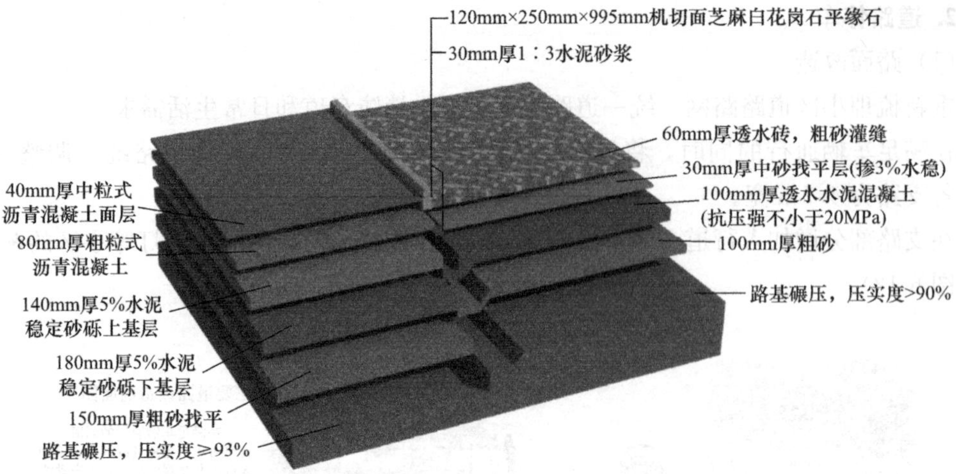
120mm×250mm×995mm机切面芝麻白花岗石平缘石
30mm厚1：3水泥砂浆
60mm厚透水砖，粗砂灌缝
30mm厚中砂找平层(掺3%水稳)
100mm厚透水水泥混凝土
(抗压强不小于20MPa)
100mm厚粗砂
路基碾压，压实度>90%
40mm厚中粒式
沥青混凝土面层
80mm厚粗粒式
沥青混凝土
140mm厚5%水泥
稳定砂砾上基层
180mm厚5%水泥
稳定砂砾下基层
150mm厚粗砂找平
路基碾压，压实度≥93%

图 6-13　地质小区车行道接人行道处地面做法

（2）停车规划

改善原有停车杂乱无章、干扰居民活动的情况。在宅前布置 3m×6m 车位，与绿化结合设置，共设置车位 52 个。

车位地面采用植草砖或者彩色混凝土。彩色混凝土做法：路基碾压压实度为 93%以上，150mm 厚粗砂找平后分别做 180mm 厚 5%水泥稳定砂砾下基层和 140mm 厚 5%水泥稳定砂砾上基层，80mm 厚粗粒式沥青混凝土上做 40mm 厚中粒式彩色沥青混凝土面层。植草砖车位与车行道之间设置 120mm×250mm×995mm 机切面芝麻白花岗石平缘石。植草砖做法：素土夯实压实度大于 90%，上做 300mm 厚粗砂，100mm 厚无砂大孔混凝土，30mm 厚 1∶1 砂土，80mm 厚嵌草砖孔内填种植土拌草籽（图 6-14）。

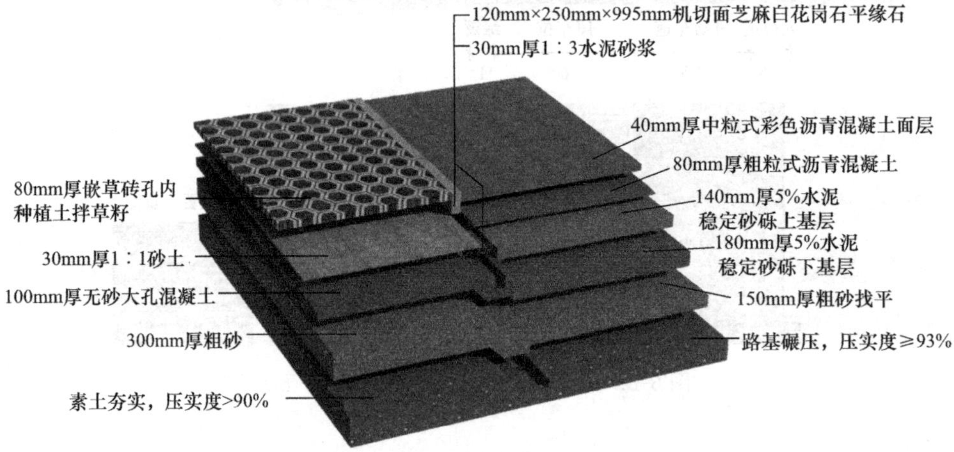
120mm×250mm×995mm机切面芝麻白花岗石平缘石
30mm厚1：3水泥砂浆
40mm厚中粒式彩色沥青混凝土面层
80mm厚粗粒式沥青混凝土
140mm厚5%水泥
稳定砂砾上基层
180mm厚5%水泥
稳定砂砾下基层
150mm厚粗砂找平
路基碾压，压实度≥93%
80mm厚嵌草砖孔内
种植土拌草籽
30mm厚1：1砂土
100mm厚无砂大孔混凝土
300mm厚粗砂
素土夯实，压实度>90%

图 6-14　地质小区停车位地面做法

3. 建筑外观改造

小区内建筑物为多层住宅建筑，经实地调查和现场踏勘，小区内个别建筑物无外墙外保温体系；其他建筑物有外墙外保温，但外保温墙面的保护层和涂料面层已脱落破损，屋面防水层老化破损，屋面渗漏；雨水管残破缺失；单元门破损；单元窗为木窗或钢窗，均已破损。

（1）屋顶改造

重做屋面防水保温，采用 400g/m^2 SBC120 卷材兼做隔气层；保温层采用双层 60mm 厚 XPS 板错缝铺贴；找坡层采用最薄 30mm 厚 LC5.0 轻骨料混凝土。建筑风格维持原有样式，延续小区原有风貌。

（2）外墙改造

通过不同色彩的相互搭配点缀，为建筑提供更多的变化性，通过亮橙、灰色等颜色配合，呈现出统一方案、不同效果的视觉对比。

墙保温采用 120mm 厚的 EPS 苯板，燃烧性能为 B2 级，表观密度 20kg/m^3，采用 @330mm 塑料锚栓加胶粘固定。外墙外饰面在苯板外设专用胶粘耐碱网格布（两层网格布三遍胶工艺），做 5mm 厚聚合物防裂砂浆抹面后涂刷外墙涂料两遍（图 6-15）。

(a) (b)

图 6-15 地质小区建筑外观改造前（a）后（b）对比

4. 其他改造

（1）生态环境

垃圾收集：做到垃圾分类、增设垃圾分类回收点一处。垃圾桶配置两组，每组四个，每栋楼配置一组（图 6-16）。

（2）景观绿化

利用对现有小区空地的改造，增加老年人休闲活动的场地，方便小区内老年人活动健身。考虑动态和静态两种活动区域，动态活动区主要以一些健身活动为主，静态活动区主要为老年人提供下棋、打牌、交流的场地。丰富的景观空间层次可以满足老年人的不同需求，不仅能够丰富老年人的精神生活，还能促进邻里和谐关系。

优化原有小区景观，原有广场空旷、夏季日晒严重，本次改造增设乔木灌木，改善局部小气候。在车位附近新增绿化：车位植草砖 450m^2，灌木 850m^2，植树 200 棵（图 6-17）。

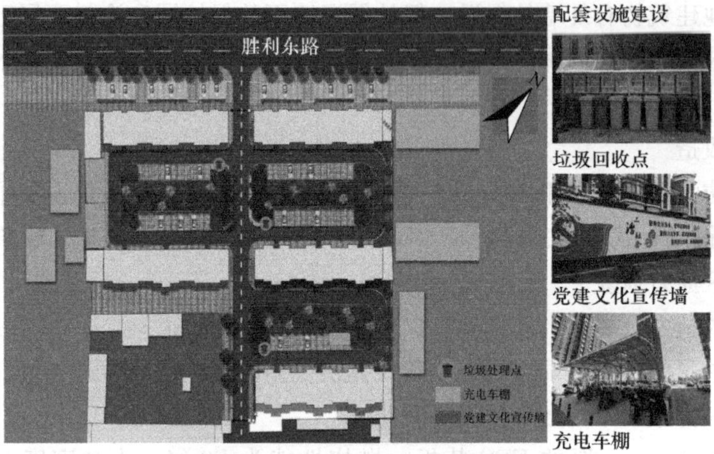
胜利东路
N
垃圾处理点
充电车棚
党建文化宣传墙
配套设施建设
垃圾回收点
党建文化宣传墙
充电车棚

图 6-16　地质小区垃圾分类改造

(a)　　　(b)

(c)　　(d)

图 6-17　地质小区绿化情况鸟瞰图

利用原有小区的围墙改造为党建文化宣传墙，提高了居民的党政文化素养，同时作为社区文化活动宣传的平台，增强了小区的精神面貌（图 6-18）。

永远跟党走
党群服务中心

图 6-18　党建文化宣传墙

6.2　干警小区

6.2.1　基本情况

干警小区设计改造用户 490 户，待改造住宅楼 5 栋，总建筑面积约 4.5 万 m^2，建成于 1999 年。结合小区实际情况，综合考虑决定将该小区打造为基础类旧改小区（图 6-19～图 6-22）。

图 6-19　干警小区鸟瞰图

图 6-20　干警小区外观现状

图 6-21　干警小区户外现状一

图 6-22　干警小区户外现状二

6.2.2　改造方案

1. 基础管线

干警小区于 1998 年建成较早，原有供暖系统是在地沟内布置总管线系统，本次改造将供暖主管线外移，用在楼梯间分户供暖的方式来满足最新的供暖规范的要求。本次将对全小区供暖管线进行改造，改造供暖外网管线长度约 1463m。供暖楼梯间立管采用无缝钢管室外直埋，入户部分采用聚氨酯泡沫塑料预制保温管。A 楼、B 楼、C 楼三栋楼改造了供暖总管线，增大了供暖水量和供暖末端压力，改善了原有的供暖质量。通过此次改造，能够极大地提高住户室内温度，使其达到室内供暖温度要求（图 6-23）。

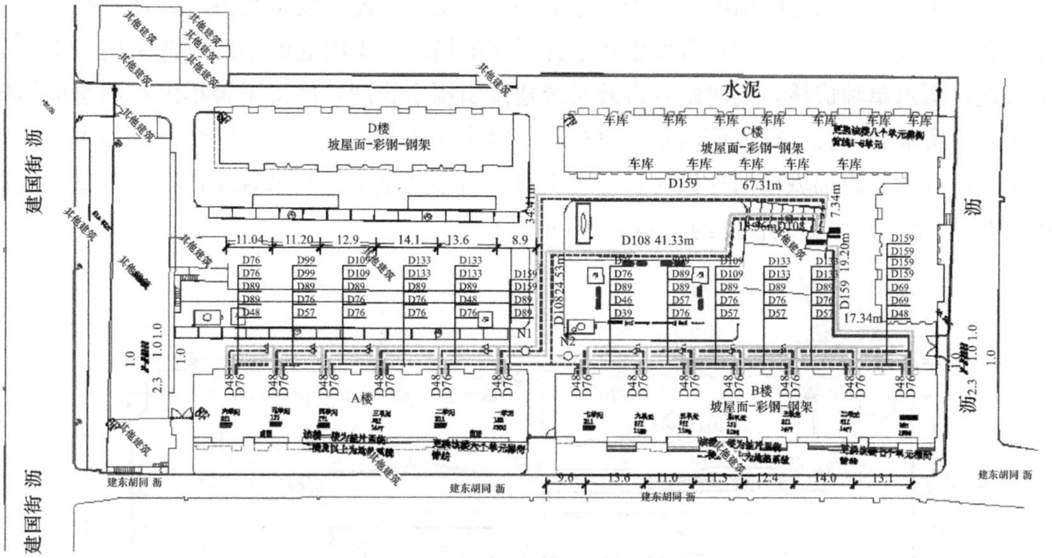

图 6-23 干警小区供暖改造图（局部）

干警小区及附近周边建筑原有排水管网是向建东胡同主管线排放。近些年市政府对一级市政污水系统进行更新，为满足环保要求，市政污水系统在建国街布置了一套新建的污水主管网。本次老旧小区改造将地质小区污水管线重新梳理，合理编排使之接入新建市政污水主管网。由于地处严寒地区，干警小区住户又以老年人为主，居民的分类排放意识有限，所以本次改造采用单楼设置化粪池，集中污水处理后排放到污水主管网，以减轻市政排水系统后期处理的压力。本次对全小区污水管线进行改造：设置化粪池 3 个（$30m^3$），改造污水井 44 个，污水管线长度约 659m。通过此次改造能极大缓解排水反味、排水不通畅、污水井及小区管路沉陷的现状（图 6-24）。

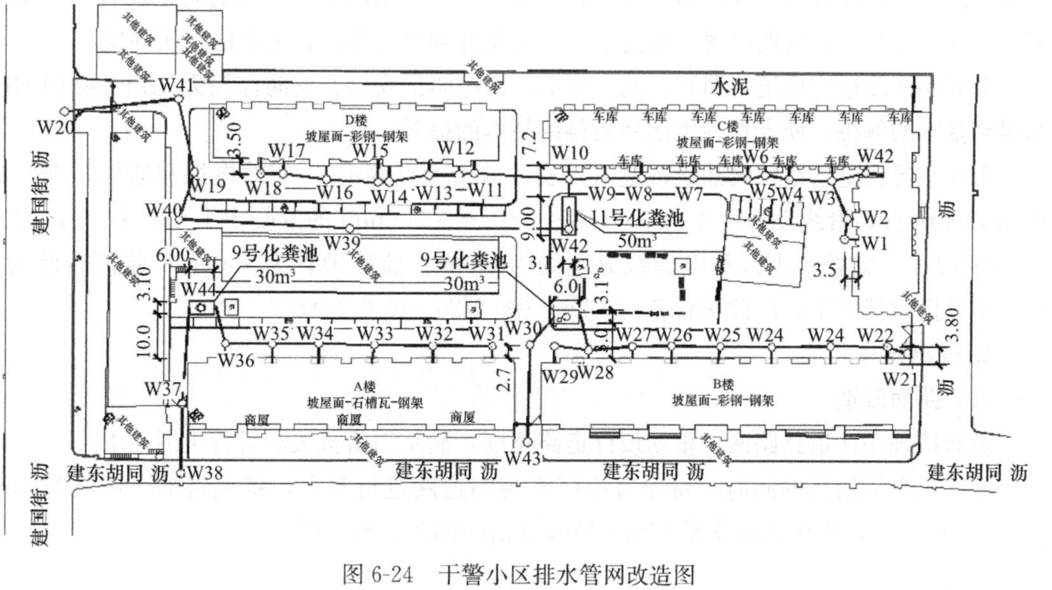

图 6-24 干警小区排水管网改造图

以前的干警小区没有专门的雨水管网，又加上地势处于低洼地带，在雨季经常发生路面泥泞、影响住户出行的情况。由于是老旧小区，雨污合流，使市政污水处理系统增加了压力和处理成本，而且雨季经常发生污水井反味的情况。本次老旧小区改造采用了雨污分流系统，雨水单独成线，同时配合市政系统建国街雨水管网，使得干警小区在雨季能够做到雨后不留痕、居民出行方便的总体目标。同时本次改造增加的绿地同样能增加本小区的涵水量，以达到海绵城市的建设要求。本次对干警小区全小区雨水管线进行了改造。改造雨水井 21 个，雨水管线长度约 578m（图 6-25）。

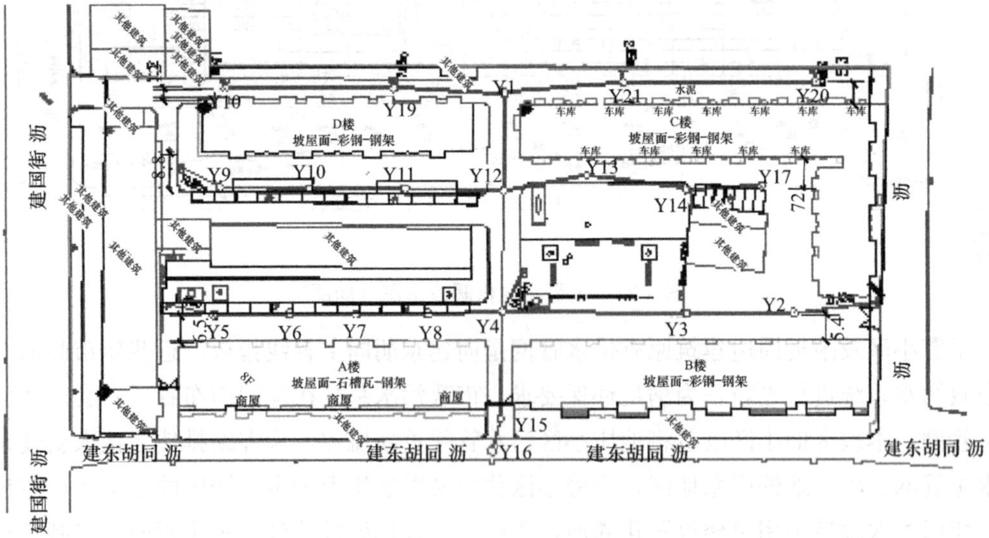
Y1
Y2
Y3
Y4
Y5
Y6
Y7
Y8
Y9
Y10
Y11
Y12
Y13
Y14
Y15
Y16
Y17
Y19
Y20
Y21
D楼
坡屋面-彩钢-钢架
C楼
坡屋面-彩钢-钢架
A楼
坡屋面-石槽瓦-钢架
B楼
坡屋面-彩钢-钢架
车库
商厦
水泥
其他建筑
72
建国街 沥
建东胡同 沥
沥

图 6-25　雨水管线改造图

老旧小区建设时间长，存在基础设施老化，小区管理不规范等问题。从居民角度看，老旧小区改造可以改善小区路面、电力、供水、排水等基础设施存在的问题，有利于城镇老旧小区配套基础设施的改善，提高小区的安全性和舒适性，打造小区宜居环境。

老旧小区改造完后道路明亮、通信通畅、雷电防护安全、安防监控无死角等陈旧的问题得到基本的解决，使老百姓生活品质得到基本的提升。

干警小区弱电管线外网铺设改造（以实际改造数据为准），有线电视和通信预埋管总计约 1500m 长，沿线设置尺寸为 600mm×600mm×900mm 的混凝土手孔井 20 个；太阳能路灯 12 个，监控数据线和电源线分别约为 500m，监控护管为 1000m，监控摄像头 7 个；室外扬声器 6 个，广播线管各约 320m（图 6-26～图 6-29）。

2. 道路停车

（1）路面改造

重新梳理小区道路路网，重新设计道路宽度，满足消防救援和日常生活需求。

在满足车辆通行的同时，将原有小区不规则道路进行整合，将主路统一调整为 6m，各支路为 4.5m，并在尽端设置 12m×12m 的消防回车场地（图 6-30）。

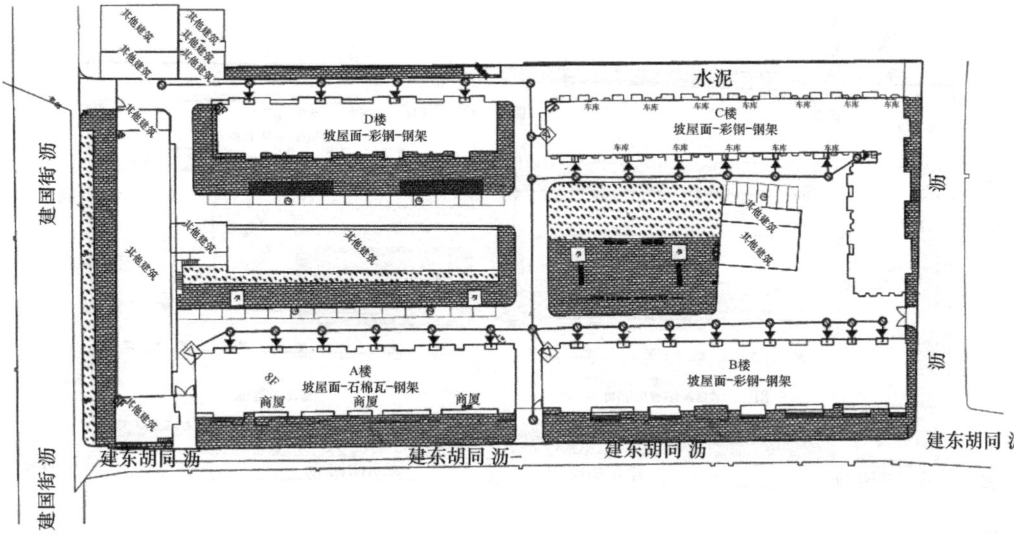
水泥
D楼
坡屋面-彩钢-钢架
C楼
坡屋面-彩钢-钢架
A楼
坡屋面-石棉瓦-钢架
8F
商厦
商厦
商厦
B楼
坡屋面-彩钢-钢架
其他建筑
建国街 沥
建国街 沥
建东胡同 沥
建东胡同 沥
建东胡同 沥
建东胡同 沥
沥
沥

图 6-26　弱电管线外网示意图

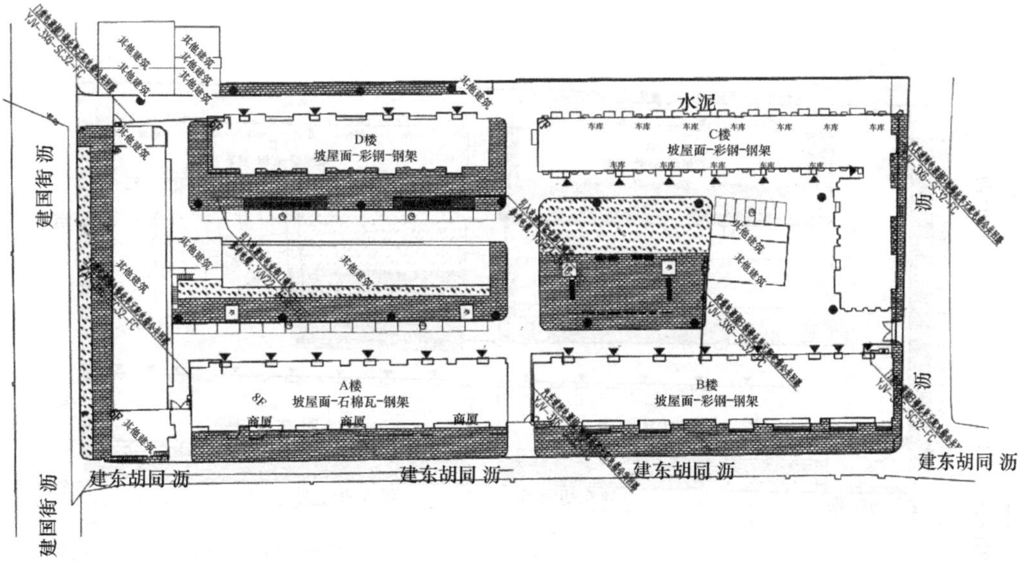
水泥
D楼
坡屋面-彩钢-钢架
C楼
坡屋面-彩钢-钢架
A楼
坡屋面-石棉瓦-钢架
8F
商厦
商厦
商厦
B楼
坡屋面-彩钢-钢架
其他建筑
建国街 沥
建国街 沥
建东胡同 沥
建东胡同 沥
建东胡同 沥
建东胡同 沥
沥
沥

图 6-27　太阳能路灯布置示意图

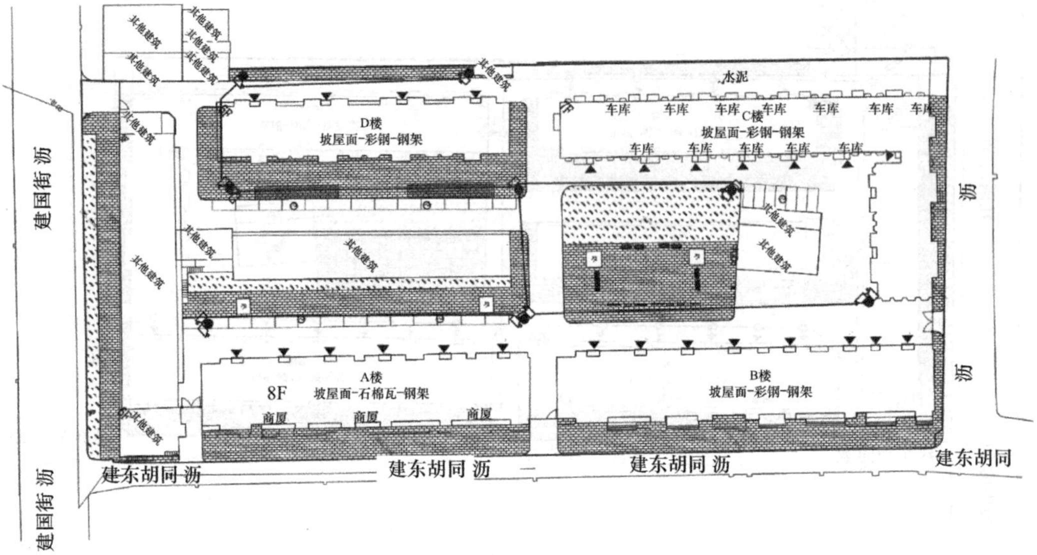
其他建筑
水泥
D楼
坡屋面-彩钢-钢架
车库
C楼
坡屋面-彩钢-钢架
建国街 沥
沥
A楼
8F
坡屋面-石棉瓦-钢架
商厦
B楼
坡屋面-彩钢-钢架
建东胡同 沥
建东胡同

图 6-28　道路监控平面示意图

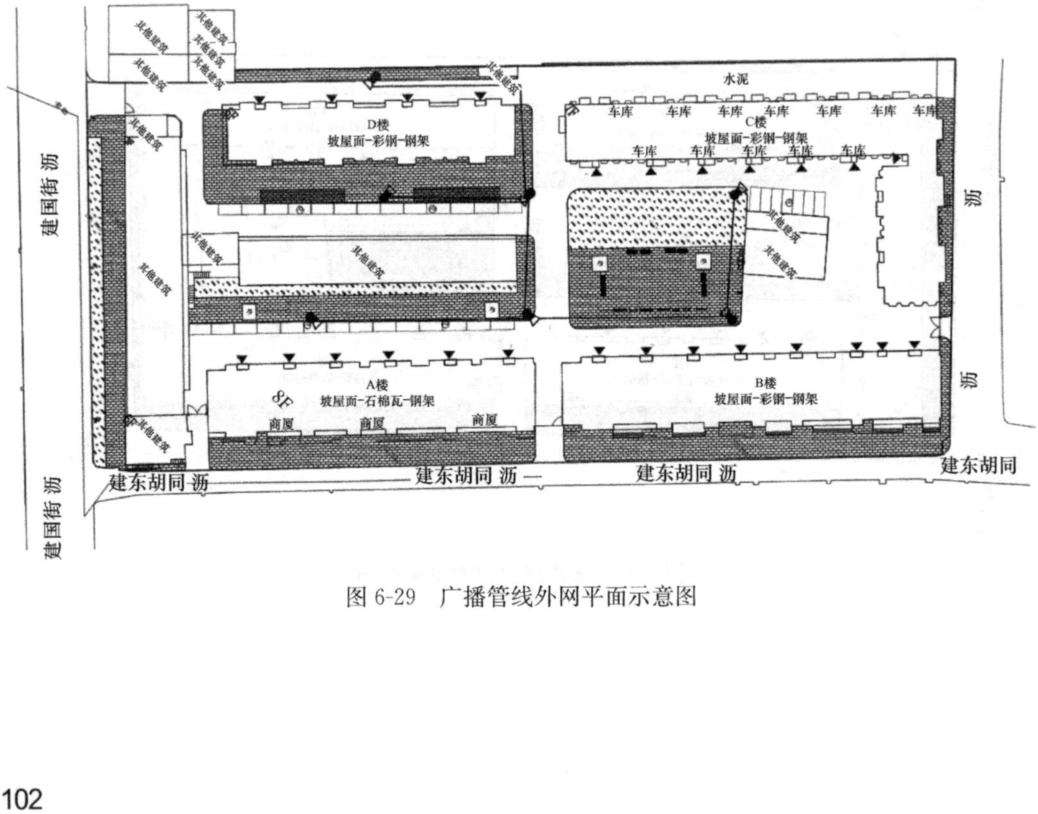
其他建筑
水泥
D楼
坡屋面-彩钢-钢架
车库
C楼
坡屋面-彩钢-钢架
建国街 沥
沥
A楼
8F
坡屋面-石棉瓦-钢架
商厦
B楼
坡屋面-彩钢-钢架
建东胡同 沥
建东胡同

图 6-29　广播管线外网平面示意图

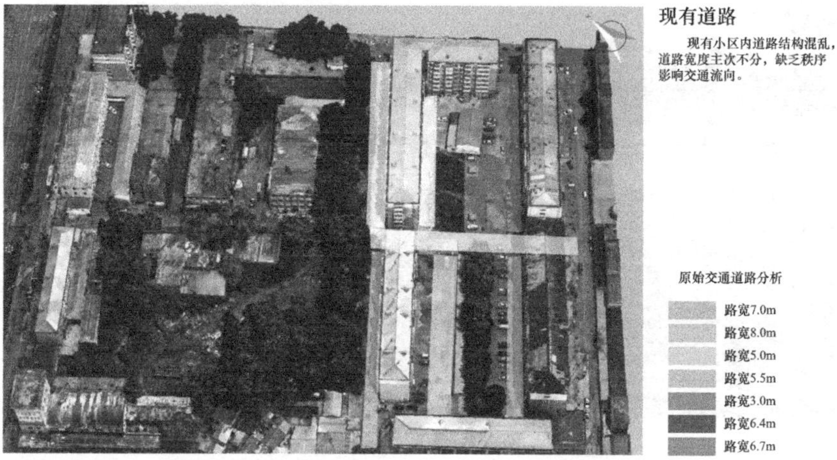
现有道路
现有小区内道路结构混乱，道路宽度主次不分，缺乏秩序影响交通流向。
原始交通道路分析
路宽7.0m
路宽8.0m
路宽5.0m
路宽5.5m
路宽3.0m
路宽6.4m
路宽6.7m

(a)

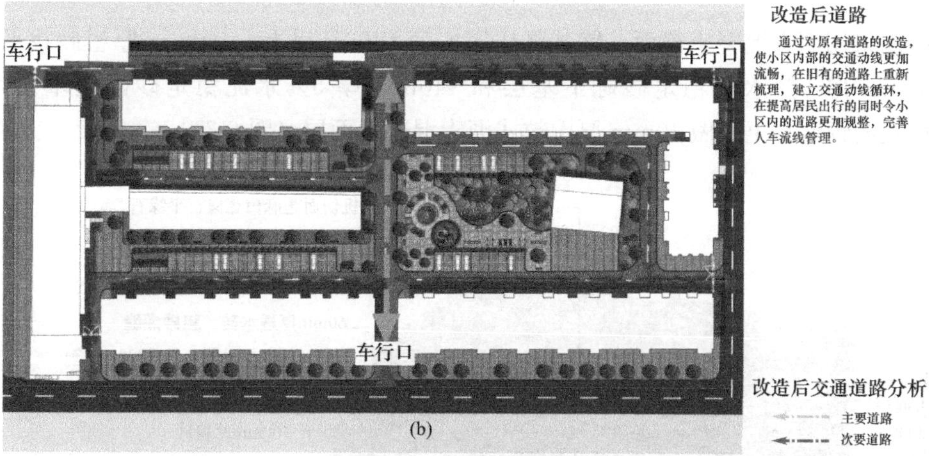
车行口
车行口
车行口
改造后道路
通过对原有道路的改造，使小区内部的交通动线更加流畅，在旧有的道路上重新梳理，建立交通动线循环，在提高居民出行的同时令小区内的道路更加规整，完善人车流线管理。
改造后交通道路分析
主要道路
次要道路

(b)

图 6-30 彩图

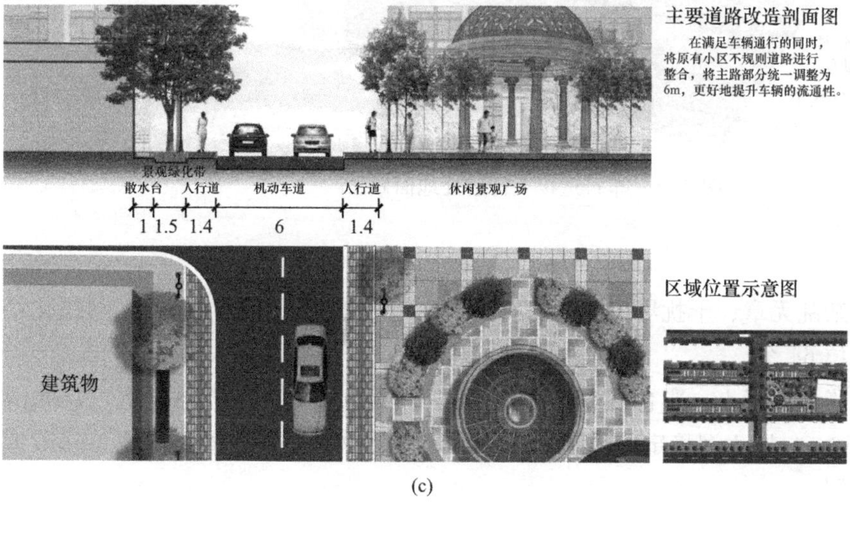
主要道路改造剖面图
在满足车辆通行的同时，将原有小区不规则道路进行整合，将主路部分统一调整为6m，更好地提升车辆的流通性。
景观绿化带
散水台
人行道
机动车道
人行道
休闲景观广场
1
1.5
1.4
6
1.4
建筑物
区域位置示意图

(c)

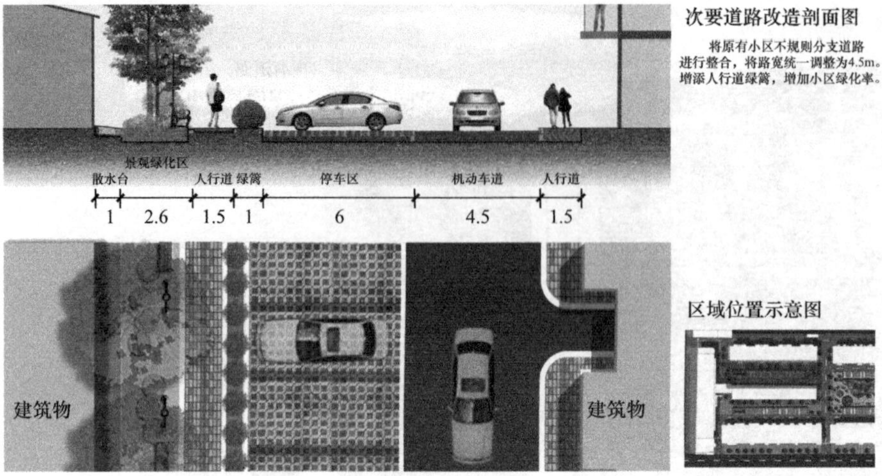
次要道路改造剖面图
将原有小区不规则分支道路进行整合，将路宽统一调整为4.5m。增添人行道绿篱，增加小区绿化率。
景观绿化区
散水台
人行道 绿篱
停车区
机动车道
人行道
1
2.6
1.5
1
6
4.5
1.5
建筑物
建筑物
区域位置示意图

(d)

图 6-30　道路改造图（单位：m）

改造后路面采用沥青混凝土覆面。路基碾压压实度为 93%以上，150mm 厚粗砂找平后分别做 180mm 厚 5%水泥稳定砂砾下基层和 140mm 厚 5%水泥稳定砂砾上基层，80mm 厚粗粒式沥青混凝土上做 40mm 厚中粒式沥青混凝土面层（图 6-31）。

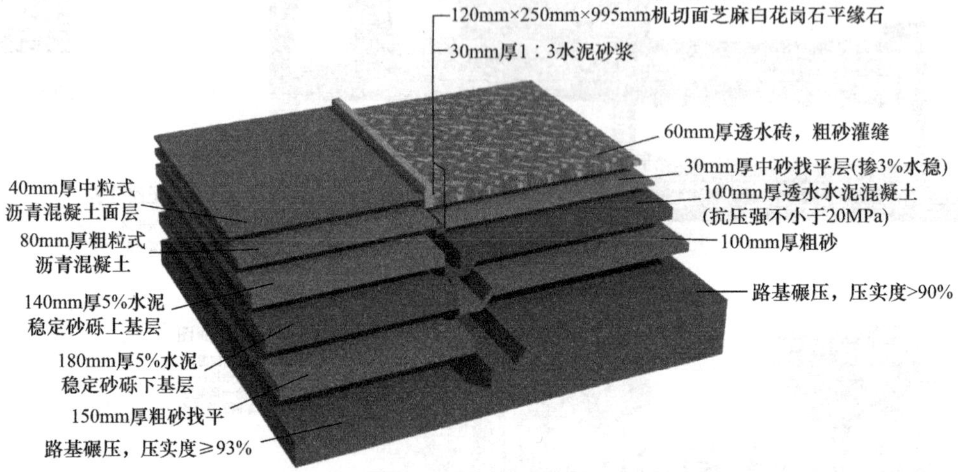
120mm×250mm×995mm机切面芝麻白花岗石平缘石
30mm厚1：3水泥砂浆
60mm厚透水砖，粗砂灌缝
30mm厚中砂找平层(掺3%水稳)
100mm厚透水水泥混凝土
(抗压强不小于20MPa)
100mm厚粗砂
路基碾压，压实度>90%
40mm厚中粒式
沥青混凝土面层
80mm厚粗粒式
沥青混凝土
140mm厚5%水泥
稳定砂砾上基层
180mm厚5%水泥
稳定砂砾下基层
150mm厚粗砂找平
路基碾压，压实度≥93%

图 6-31　车行道接人行道处地面做法

（2）停车规划

改善原有停车杂乱无章、干扰居民活动的情况。在宅前布置 3m×6m 车位，与绿化结合设置，共设置车位 64 个。

车位地面采用彩色混凝土。彩色混凝土做法：路基碾压压实度为 93%以上，150mm 厚粗砂找平后做 180mm 厚水泥稳定砂砾基层，80mm 厚粗粒式沥青混凝土上做 40mm 厚彩色沥青混凝土面层。

3. 建筑外观改造

小区内建筑物为多层住宅建筑，经实地调查和现场踏勘，小区内个别建筑物无外墙外保温体系；其他建筑物有外墙外保温，但外保温墙面的保护层和涂料面层已脱落破损，屋面防水层老化破损，屋面渗漏；雨水管残破缺失；单元门破损；单元窗为木窗或钢窗，均已破损。

（1）屋顶改造

重做屋面防水保温，采用 400g/m^2 的 SBC120 卷材兼做隔气层；保温层采用双层 60mm 厚 XPS 板错缝铺贴；找坡层采用最薄 30mm 厚 LC5.0 轻骨料混凝土。建筑风格维持原有样式，延续小区原有风貌。

（2）外墙改造

通过不同色彩的相互搭配点缀，为建筑提供更多的变化性，通过亮橙、灰色等颜色的配合，呈现出统一方案、不同效果的视觉对比。

墙保温采用 120mm 厚的 EPS 苯板，燃烧性能为 B2 级，表观密度 20kg/m^3，采用 @330mm 塑料锚栓加胶粘固定。外墙外饰面在苯板外设专用胶粘耐碱网格布（两层网格布三遍胶工艺），做 5mm 厚聚合物防裂砂浆抹面后涂刷外墙涂料两遍（图 6-32）。

(a)　(b)

(c)　(d)

图 6-32　干警小区建筑外观改造前（a、c）后（b、d）对比

4. 其他改造

（1）生态环境

垃圾收集：做到垃圾分类、增设垃圾分类回收点一处。垃圾桶配置两组，每组四个，每栋楼配置一组（图 6-33）。

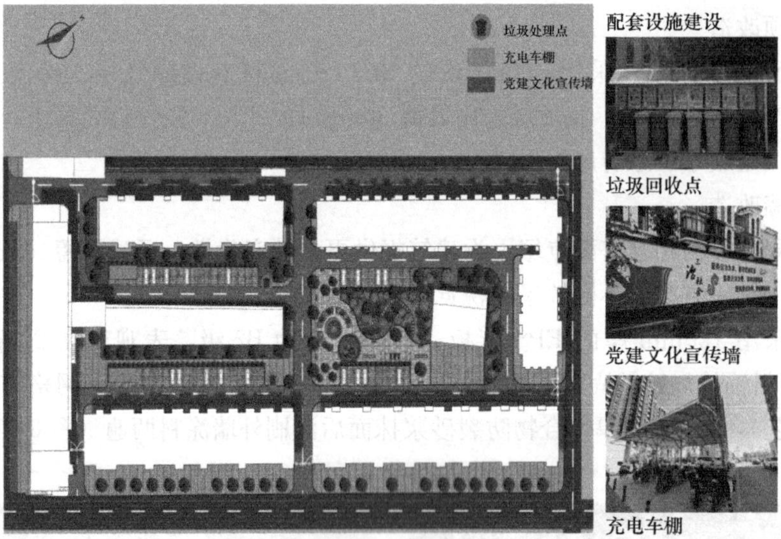
垃圾处理点
充电车棚
党建文化宣传墙
配套设施建设
垃圾回收点
党建文化宣传墙
充电车棚

图 6-33　垃圾分类

（2）景观绿化

利用对现有小区空地的改造，增加老年人休闲活动的场地，方便小区内老年人活动健身，考虑动态和静态两种活动区域，动态活动区主要用于老年人进行健身活动为主，静态活动区主要以老年人下棋、打牌、交流的场地为主。丰富的景观空间层次可以满足老年人的不同需求，不仅能够丰富老年人的精神生活，还能促进邻里和谐关系。

优化原有小区景观，原有广场空旷、夏季日晒严重，本次改造增设乔木灌木，改善局部小气候。在车位附近新增绿化：车位植草砖 450m²，灌木 850m²，植树 200 棵（图 6-34）。

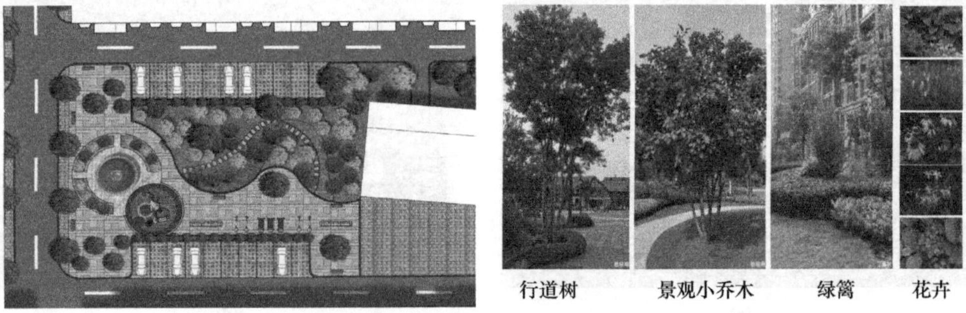
行道树
景观小乔木
绿篱
花卉

(a)　(b)

图 6-34　景观绿化改造图

利用原有小区的围墙改造为党建文化宣传墙，提高了居民的党政文化素养，同时作为社区文化活动宣传的平台，增强了小区的精神面貌（图 6-35）。

图 6-35　党建文化宣传墙

6.3　火电小区

6.3.1　基本情况

火电小区设计改造用户 321 户，待改造住宅楼 5 栋，总建筑面积约 2.25 万 m^2，建成于 1983 年。小区居民积极配合改造，综合考虑决定将该小区打造为基础类旧改小区（图 6-36～图 6-38）。

图 6-36　火电小区鸟瞰图

图 6-37　火电小区外观现状

建国街

图 6-38　火电小区户外现状

6.3.2 改造方案

1. 基础管线

火电小区建成年代较早，原有供暖系统是老设计标准下的地沟内布置总管线系统，本次改造将供暖主管线外移，以在楼梯间分户供暖的方式来满足最新的供暖规范的要求。本次将对全小区的供暖管线进行改造。改造供暖外网管线长度约 561m。供暖楼梯间立管采用无缝钢管室外直埋及入户部分采用聚氨酯泡沫塑料预制保温管。同时改进了 3 号、4 号、5 号、6 号、7 号楼的供暖系统，增大了供暖水量和供暖末端压力，改善原有的供暖质量（图 6-39）。通过此次改造，能够极大地提高住户室内温度，使其达到 20℃的室内供暖温度要求。

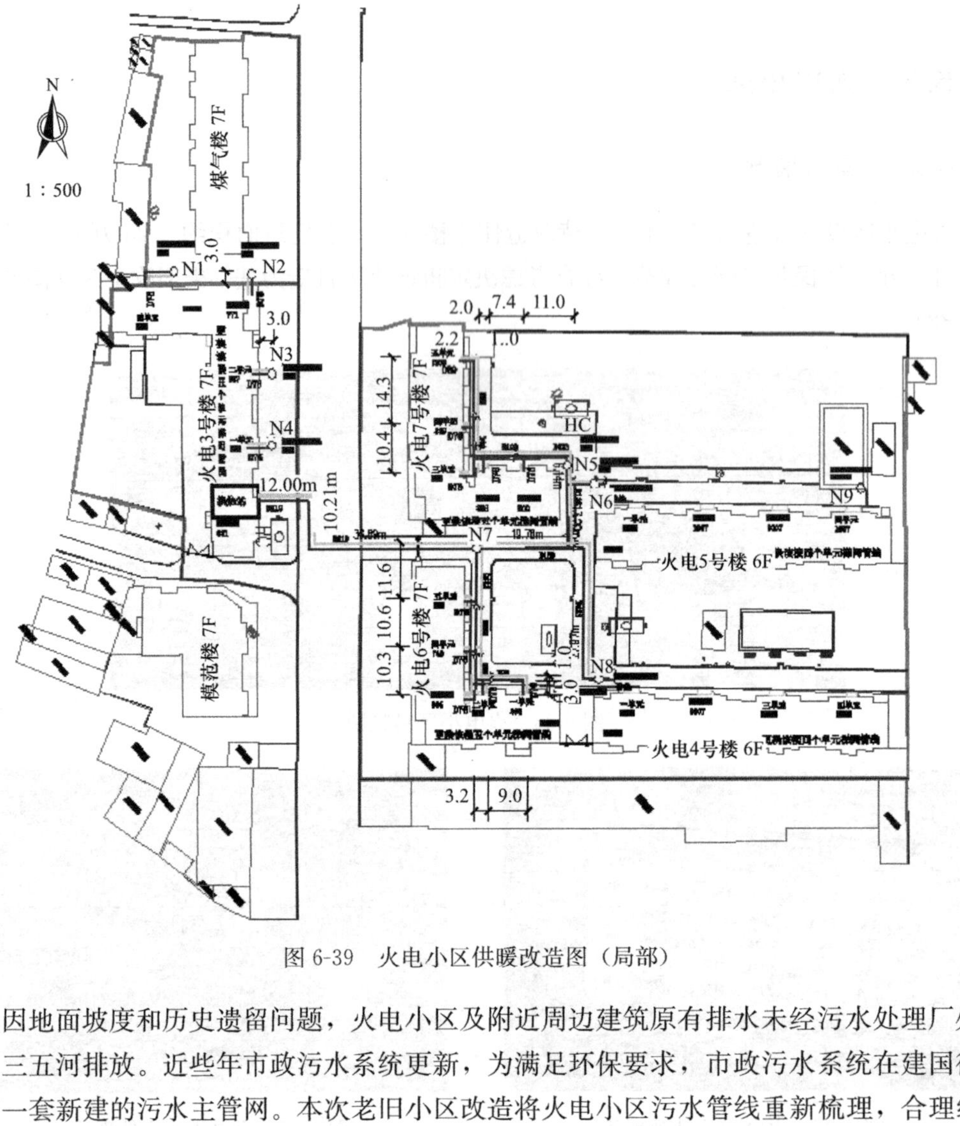
N
1：500
煤气楼 7F
3.0
N1
N2
3.0
N3
N4
火电3号楼 7F
12.00m
10.21m
模范楼 7F
2.0
7.4
11.0
2.2
14.3
10.4
火电7号楼 7F
HC
N5
N6
N7
N9
火电5号楼 6F
11.6
10.6
10.3
火电6号楼 7F
N8
1.0
3.0
火电4号楼 6F
3.2
9.0

图 6-39 火电小区供暖改造图（局部）

因地面坡度和历史遗留问题，火电小区及附近周边建筑原有排水未经污水处理厂处理向王三五河排放。近些年市政污水系统更新，为满足环保要求，市政污水系统在建国街布置了一套新建的污水主管网。本次老旧小区改造将火电小区污水管线重新梳理，合理编排使之接入新建的市政污水主管网。由于城市地处严寒地区，火电小区住户又以老年人为主，居民的分类排放意识有限，所以本次改造采用单楼设置化粪池，集中污水处理后排放到污水主管网，以减轻市政排水系统后期处理的压力。本次对全小区污水管线进行改造：设置化粪池 4 个（$30m^3$），改造污水井 51 个，污水管线长度约 578m。通过此次改造能极大缓解排水反味，排水不通畅，污水井及小区管路沉陷的现状（图 6-40）。

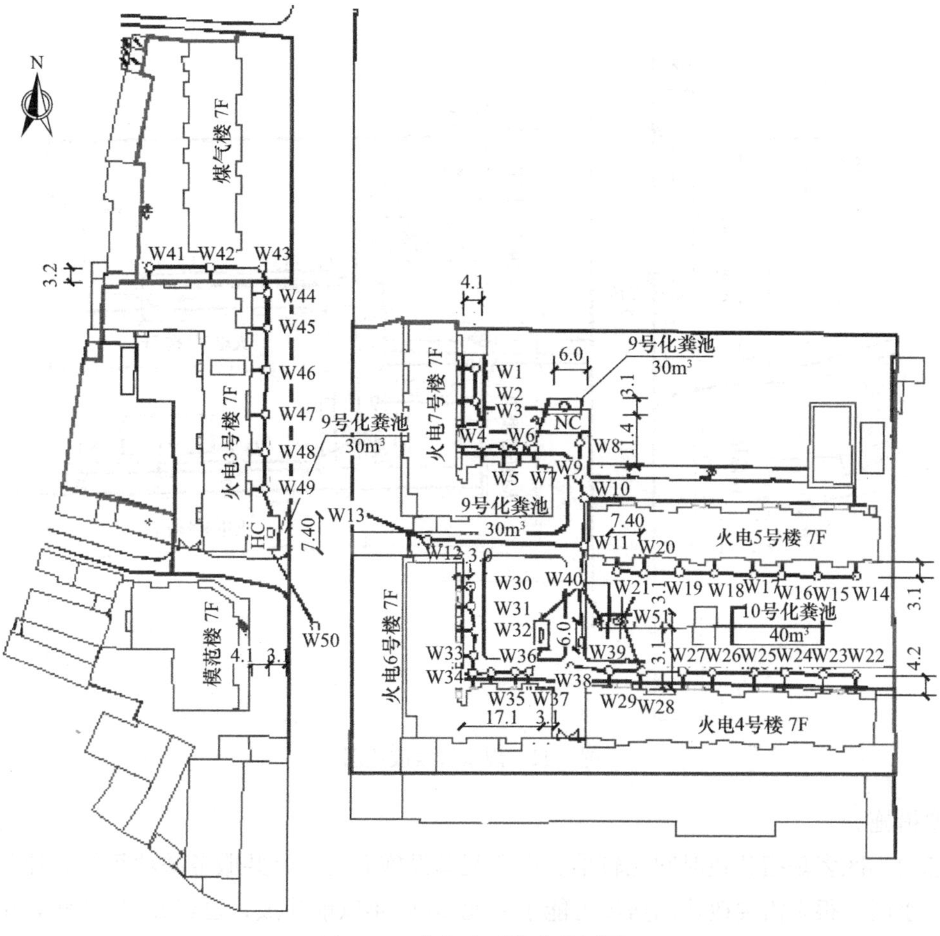
N
煤气楼 7F
W41 W42 W43
3.2
W44
W45
W46
W47
W48
W49
火电3号楼 7F
9号化粪池
30m³
HC
7.40
W13
W50
模范楼 7F
4.1 3.1
4.1
9号化粪池
30m³
6.0
3.1
11.4
NC
W1
W2
W3
W4 W6
W5 W7
W8
W9
W10
火电7号楼 7F
9号化粪池
30m³
7.40
W11 W20
火电5号楼 7F
W12 3.0
W30 W40
W31
W32
W33
W34
W35 W37
W36
W38
W39
6.0
W21 W19 W18 W17 W16 W15 W14
3.1
W51
10号化粪池
40m³
3.1
W27 W26 W25 W24 W23 W22
4.2
W29 W28
火电6号楼 7F
17.1 3.1
火电4号楼 7F

图 6-40　火电小区排水管网图

以前的火电小区没有专门的雨水管网，又加上地势处于低洼地带，在雨季经常发生路面泥泞、影响住户出行的情况。由于是老旧小区，雨污合流，给市政污水处理系统增加了压力和处理成本，而且雨季经常发生污水井反味的情况。本次老旧小区改造采用了雨污分流系统，雨水单独成线，同时配合市政系统新敷设的建国街雨水管网，使得火电小区在雨季能够做到雨后不留痕、居民出行方便的总体目标。同时本次改造增加的绿地同样能增加本小区的涵水量，以达到海绵城市的建设要求。本次对火电小区的全部雨水管线进行了改造。改造雨水井 19 个，雨水管线长度约 353m（图 6-41）。

如今国家很注重民生问题，老百姓的实际问题就是民生问题。目前许多老旧小区缺少路灯、通信不畅、雷电防护不全、智慧安防短缺，导致居民出行不便、安全问题突出，安全隐患较大，因此老旧小区的改造有助于改善生活环境，提高生活质量，这些是改善民生

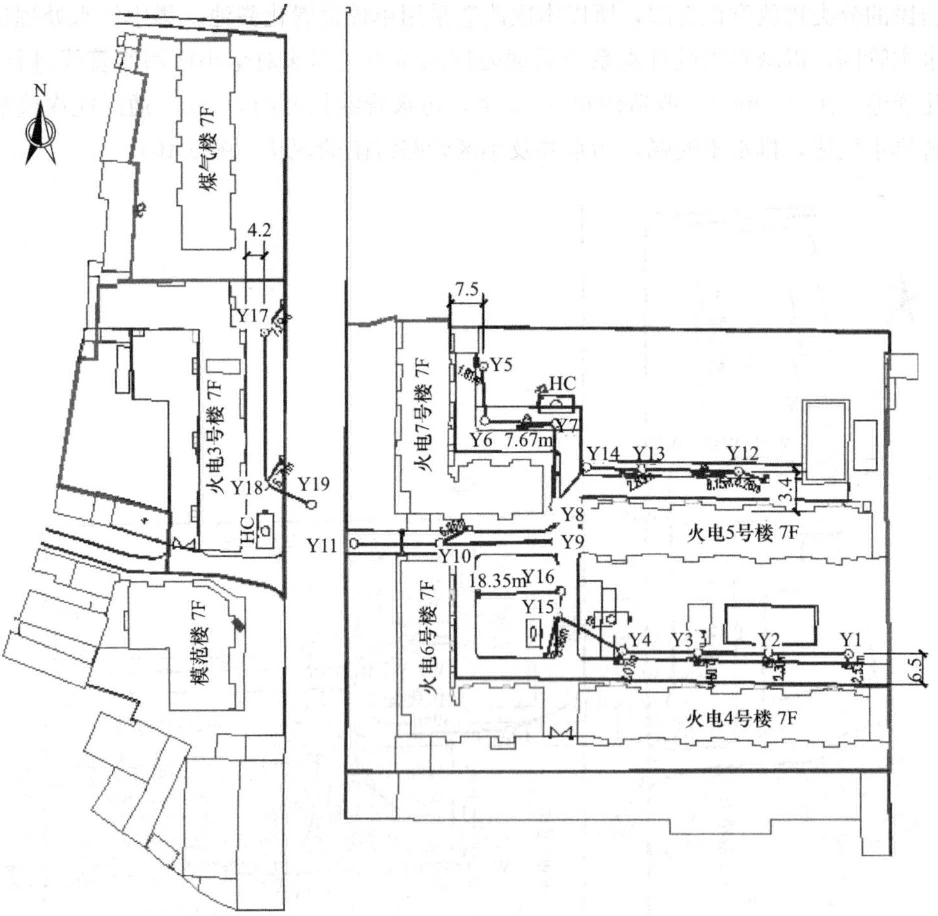
N
煤气楼 7F
4.2
Y17
火电3号楼 7F
Y18
Y19
HC
Y11
模范楼 7F
7.5
Y5
HC
火电7号楼 7F
Y7
Y6 7.67m
Y14
Y13
Y12
3.4
Y8
Y9
Y10
火电5号楼 7F
18.35m
Y16
Y15
火电6号楼 7F
Y4
Y3
Y2
Y1
6.5
火电4号楼 7F

图 6-41　雨水管线改造图

的重要措施。

老旧小区多是指建造时间比较早、市政配套设施老化、公共服务缺项等问题比较突出的居住小区，很多需要改造的房屋可能于公元 2000 年以前建成，已经超过 20 年，由于原来的设计标准以及维护、养护等方面原因，造成了一些问题，急需解决。

一些小区因为太老了，里面的公共设施都已经坏掉。老旧小区的公共设施和外部环境等都存在一些安全问题，为了安全起见，老旧小区公共设施改造包括完善消防水源和消防设施，实施电气改造，规范燃气管线敷设，改造消防通道、电梯等，改变和完善老旧小区各项设施，包括房屋修缮、规范楼内管线、规范户外供暖设施等。

老旧小区改造完后道路明亮、通信通畅、雷电防护安全、安防监控无死角等陈旧的问题得到基本的解决，使老百姓生活品质得到基本的提升。

弱电管线外网铺设改造（以实际改造数据为准），有线电视和通信预埋管总计约 1500m 长，沿线设置尺寸为 600mm×600mm×900mm 的混凝土手孔井 20 个，太阳能路灯 12 个，监控数据线和电源线分别约为 500m，监控护管约为 1000m，监控摄像头 7 个，室外扬声器 6 个，广播线管约 320m（图 6-42～图 6-46）。

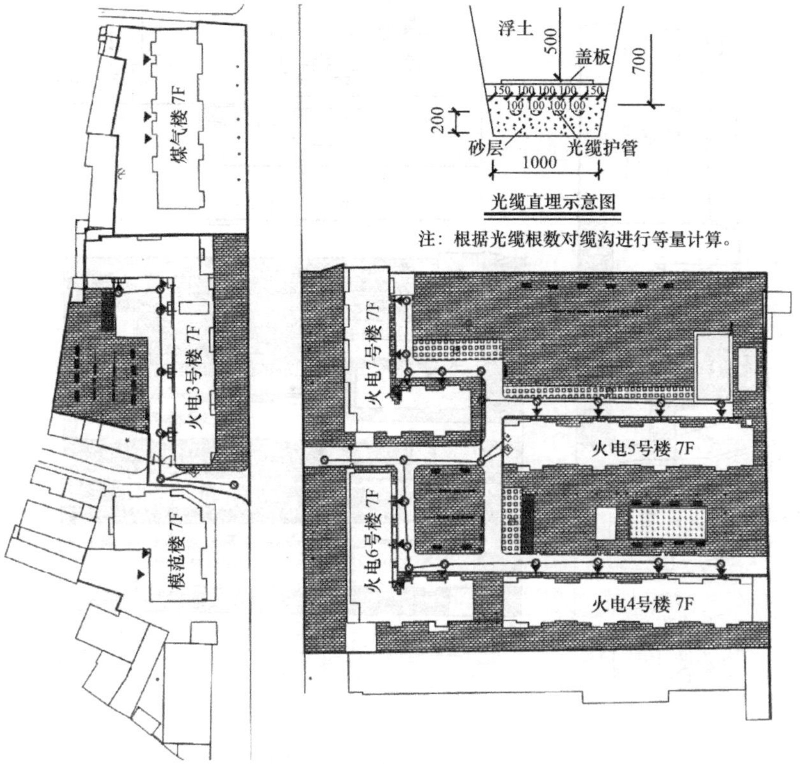
浮土
500
盖板
700
150 100 100 100 100 150
100 100 100 100
200
砂层
光缆护管
1000
光缆直埋示意图
注：根据光缆根数对缆沟进行等量计算。
煤气楼 7F
火电3号楼 7F
模范楼 7F
火电7号楼 7F
火电5号楼 7F
火电6号楼 7F
火电4号楼 7F

图 6-42　弱电管线外网示意图

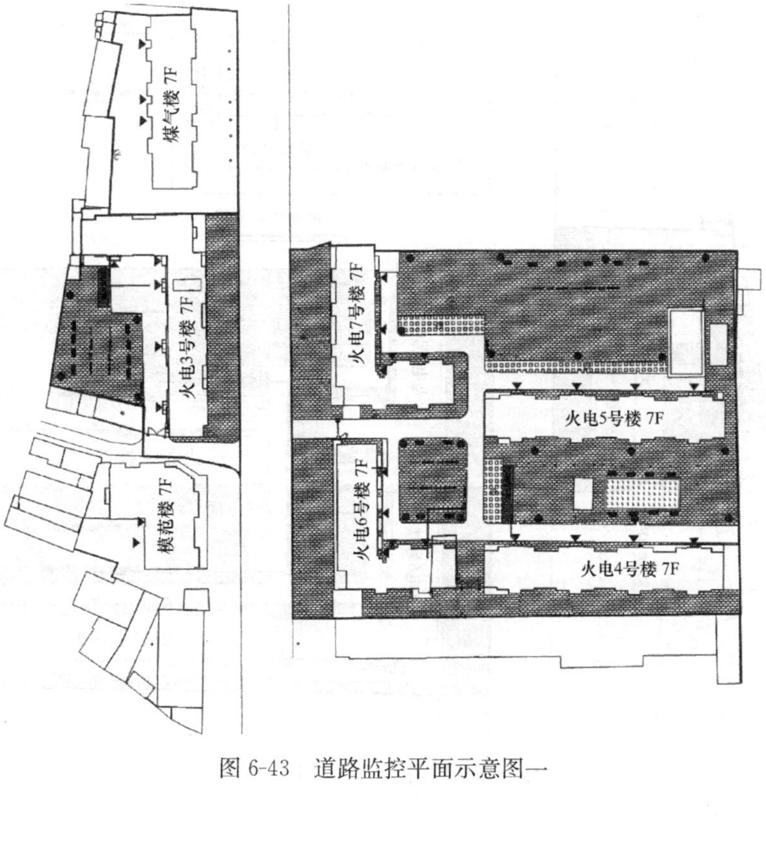
煤气楼 7F
火电3号楼 7F
模范楼 7F
火电7号楼 7F
火电5号楼 7F
火电6号楼 7F
火电4号楼 7F

图 6-43　道路监控平面示意图一

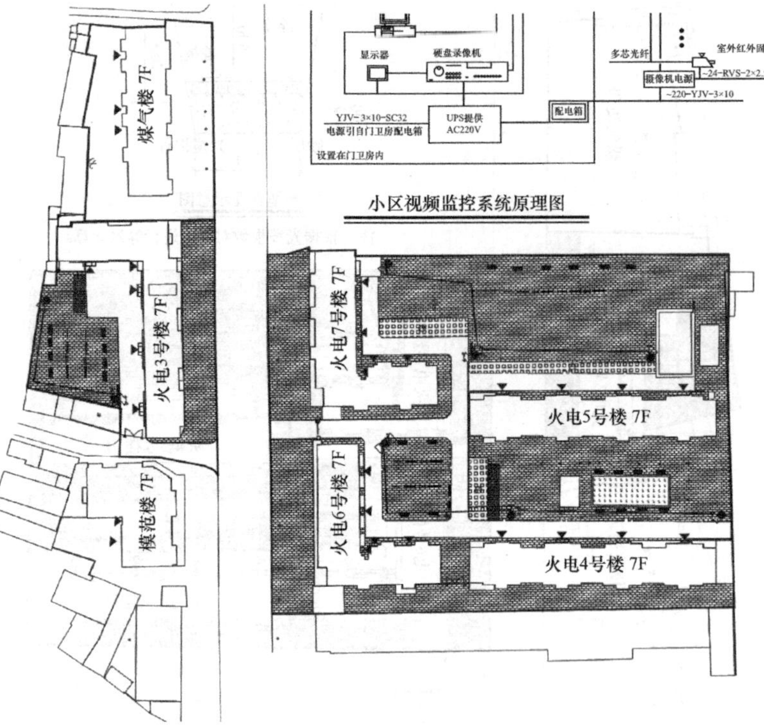
显示器
硬盘录像机
YJV-3×10-SC32
电源引自门卫房配电箱
UPS提供
AC220V
设置在门卫房内
配电箱
多芯光纤
室外红外固定摄像机N
~24-RVS-2×2.5
摄像机电源
~220-YJV-3×10
小区视频监控系统原理图
煤气楼 7F
火电3号楼 7F
模范楼 7F
火电7号楼 7F
火电5号楼 7F
火电6号楼 7F
火电4号楼 7F

图 6-43 道路监控平面示意图二

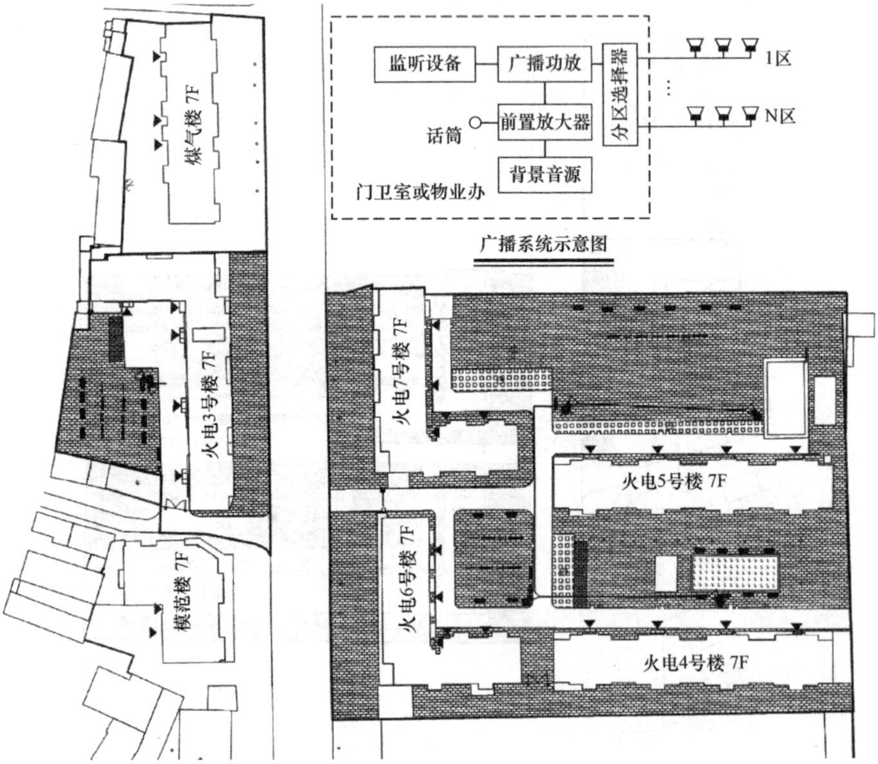
监听设备
广播功放
前置放大器
话筒
背景音源
分区选择器
1区
N区
门卫室或物业办
广播系统示意图
煤气楼 7F
火电3号楼 7F
模范楼 7F
火电7号楼 7F
火电5号楼 7F
火电6号楼 7F
火电4号楼 7F

图 6-44 广播管线及系统示意图

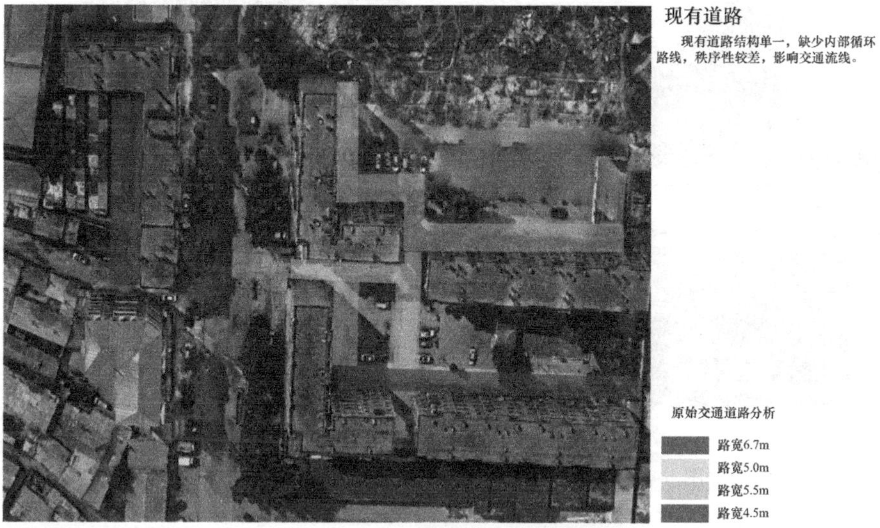
现有道路
现有道路结构单一，缺少内部循环路线，秩序性较差，影响交通流线。
原始交通道路分析
路宽6.7m
路宽5.0m
路宽5.5m
路宽4.5m

(a)

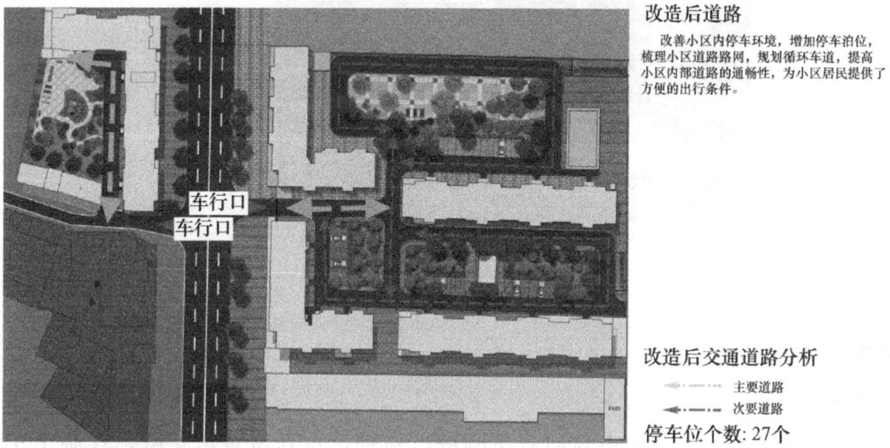
改造后道路
改善小区内停车环境，增加停车泊位，梳理小区道路路网，规划循环车道，提高小区内部道路的通畅性，为小区居民提供了方便的出行条件。
车行口
车行口
改造后交通道路分析
主要道路
次要道路
停车位个数: 27个

(b)

图 6-45 彩图

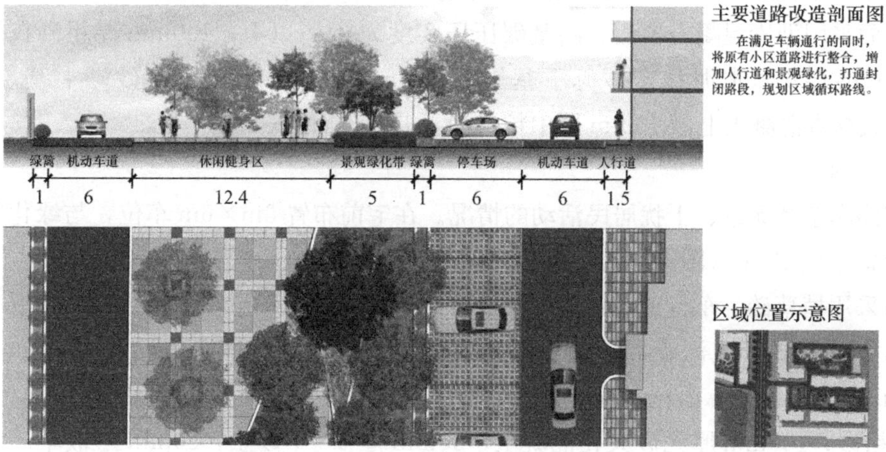
主要道路改造剖面图
在满足车辆通行的同时，将原有小区道路进行整合，增加人行道和景观绿化，打通封闭路段，规划区域循环路线。
绿篱
机动车道
休闲健身区
景观绿化带
绿篱
停车场
机动车道
人行道
1
6
12.4
5
1
6
6
1.5
区域位置示意图

(c)

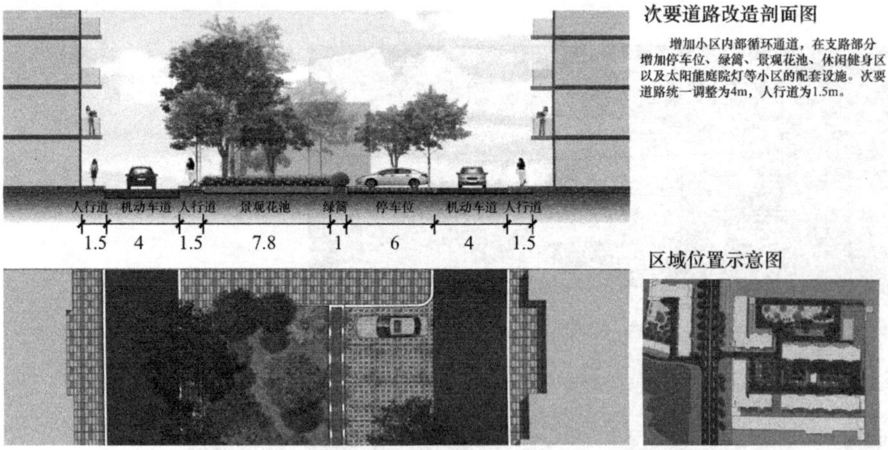
次要道路改造剖面图
增加小区内部循环通道，在支路部分增加停车位、绿篱、景观花池、休闲健身区以及太阳能庭院灯等小区的配套设施。次要道路统一调整为4m，人行道为1.5m。
人行道 机动车道 人行道 景观花池 绿篱 停车位 机动车道 人行道
1.5 4 1.5 7.8 1 6 4 1.5
区域位置示意图

(d)

图 6-45 道路改造示意图（单位：m）

图 6-46 停车位

2. 道路停车

（1）路面改造

原有小区内部道路混乱，本次改造对原有路网进行梳理，重新设置道路网，在满足车辆通行的同时，将原有小区不规则道路进行整合，将主路统一调整为 6m，各支路为 4m。

改造后路面采用沥青混凝土覆面。路基碾压压实度为 93%以上，150mm 厚粗砂找平后分别做 180mm 厚 5%水泥稳定砂砾下基层和 140mm 厚 5%水泥稳定砂砾上基层，80mm 厚粗粒式沥青混凝土上做 40mm 厚中粒式沥青混凝土面层。

（2）停车规划

改善原有停车杂乱无章、干扰居民活动的情况。在宅前布置 3m×6m 车位，与绿化结合设置，共设置车位 27 个（图 6-46）。

车位地面采用植草砖。车行道做法为水泥稳定砂砾上基层，80mm 厚粗粒式沥青混凝土上做 40mm 厚中粒式彩色沥青混凝土面层。植草砖车位与车行道之间设置 120mm×250mm×995mm 机切面芝麻白花岗石平缘石。车位做法：素土夯实压实度大于 90%，上做 300mm 厚粗砂，100mm 厚无砂大孔混凝土，30mm 厚 1∶1 砂土，80mm 厚嵌草砖孔内填种植土拌草籽。

3. 建筑外观改造

小区内建筑物为多层住宅建筑，经实地调查和现场踏勘，小区内建筑物均无外墙外保温体系；墙面涂料面层已脱落破损，屋面防水层老化破损严重，屋面渗漏；雨水管残破缺失；单元门破损；单元窗为钢窗，均已破损。

（1）屋顶改造

重做屋面防水保温，采用 SBS 改性沥青防水卷材，隔气层采用 $400g/m^2$ SBC120 卷材；保温层采用双层 60mm 厚 XPS 板错缝铺贴；找坡层采用最薄 30mm 厚 LC5.0 轻骨料混凝土。建筑风格维持原有样式，延续小区原有风貌。

（2）外墙改造

通过不同色彩的相互搭配点缀，为建筑提供更多的变化性，通过亮橙、灰色等颜色配合，结合火电小区的特色，增加墙砖饰面点缀，呈现出统一方案、不同效果的视觉对比（图 6-47）。

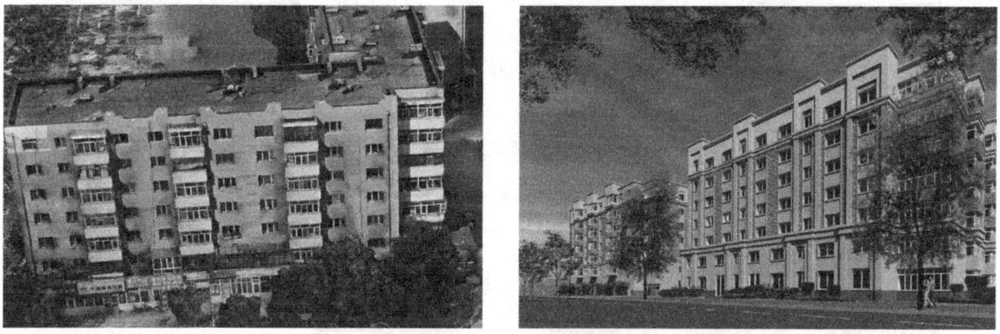

(a)　(b)

图 6-47　火电小区建筑外观改造前（a）后（b）对比

墙保温采用 120mm 厚的 EPS 苯板，燃烧性能为 B1 级，表观密度 $20kg/m^3$，采用@330mm 塑料锚栓加胶粘固定。外墙外饰面在苯板外设专用胶粘耐碱网格布（两层网格布三遍胶工艺），做 5mm 厚聚合物防裂砂浆抹面后涂刷外墙涂料两遍。

4. 其他改造

（1）生态环境

垃圾收集：做到垃圾分类、增设垃圾分类回收点一处。垃圾桶配置两组，每组四个，每栋楼配置一组（图 6-48）。

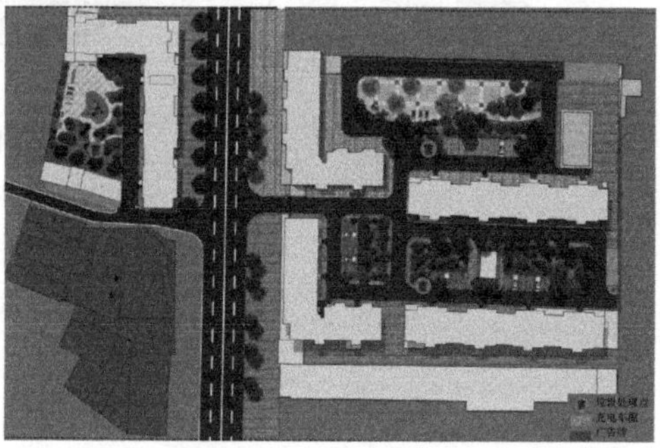

图 6-48　垃圾分类

（2）景观绿化

利用对现有小区空地的改造，增加老年人休闲活动的场地，方便小区内老年人活动健身，考虑动静态区域分隔，动态活动区主要以健身区为主，静态活动区主要为老年人提供下棋、打牌、交流的场地。丰富的景观空间层次可以满足老年人的不同需求，不仅能够丰富老年人的精神生活，还能促进邻里和谐关系。

利用原有绿化区域增设乔木灌木，改善局部小气候。增加灌木 850m^2，植树 200 棵（图 6-49）。

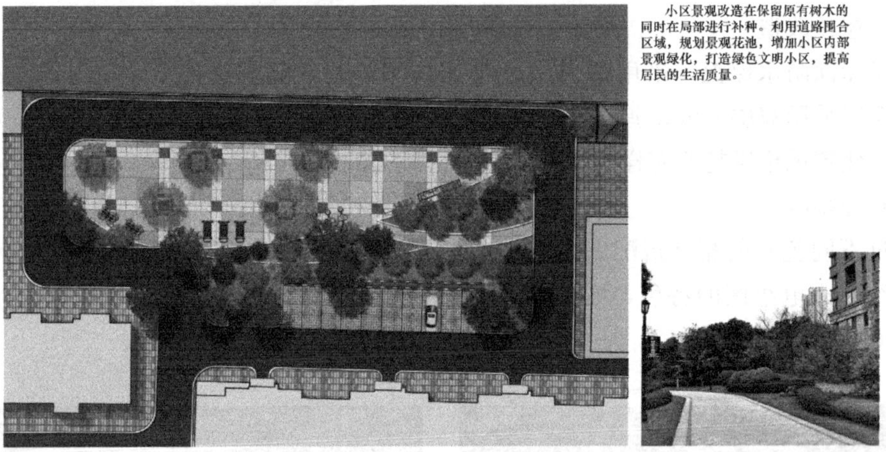
小区景观改造在保留原有树木的同时在局部进行补种。利用道路围合区域，规划景观花池，增加小区内部景观绿化，打造绿色文明小区，提高居民的生活质量。

(a)

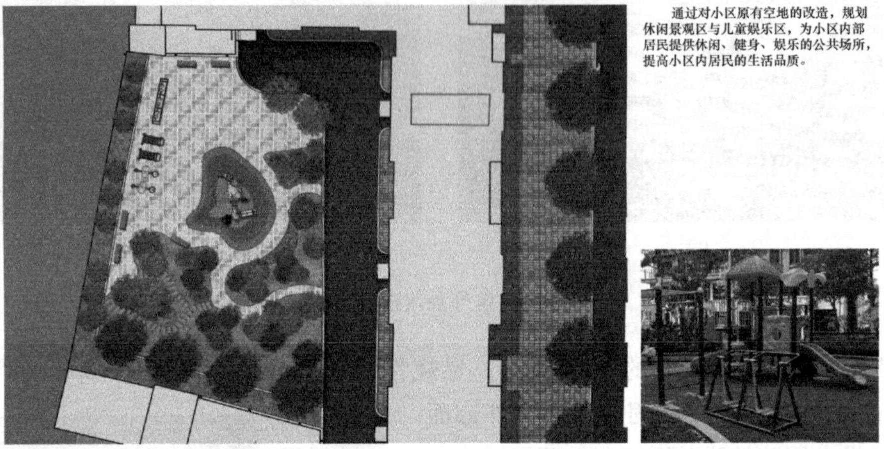
通过对小区原有空地的改造，规划休闲景观区与儿童娱乐区，为小区内部居民提供休闲、健身、娱乐的公共场所，提高小区内居民的生活品质。

(b)

图 6-49　景观改造提升效果图

第7章

完善类改造

7.1 水源小区

7.1.1 基本情况

设计改造用户1347户，待改造住宅楼23栋，总建筑面积约6.77万m^2，建成于1986年。

小区用地尚充足，基础设施老化，综合考虑决定将该小区打造为以基础类为主、适当增加完善类设施的旧改小区（图7-1）。

图7-1 水源小区整体鸟瞰图

7.1.2 改造方案

1. 基础管线

对全小区给水排水、供暖、雨水等管线网络进行改造。改造污水井243个，污水管线长度约 2733m；改造雨水井 98 个，雨水口 47 个，雨水管线长度约 1997m；给水管网改造长度约 2001m；改造供暖管线长度约 7606m（图 7-2～图 7-4）。

图 7-2 彩图

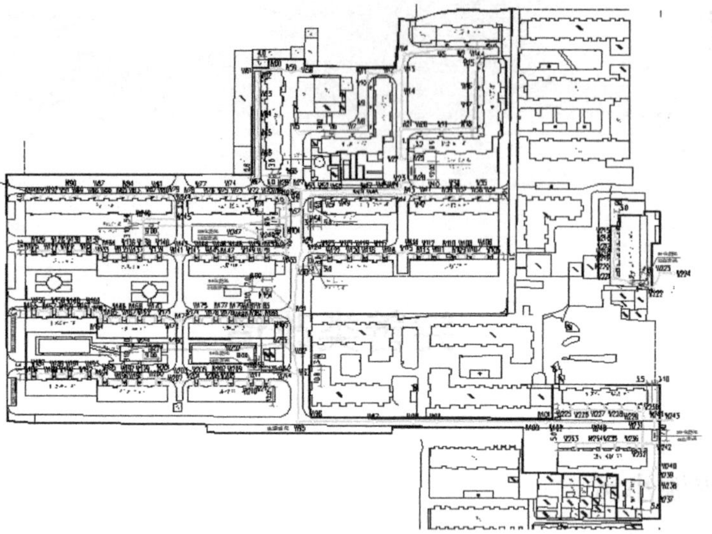

图 7-2　水源小区排水管线图

图 7-3 彩图

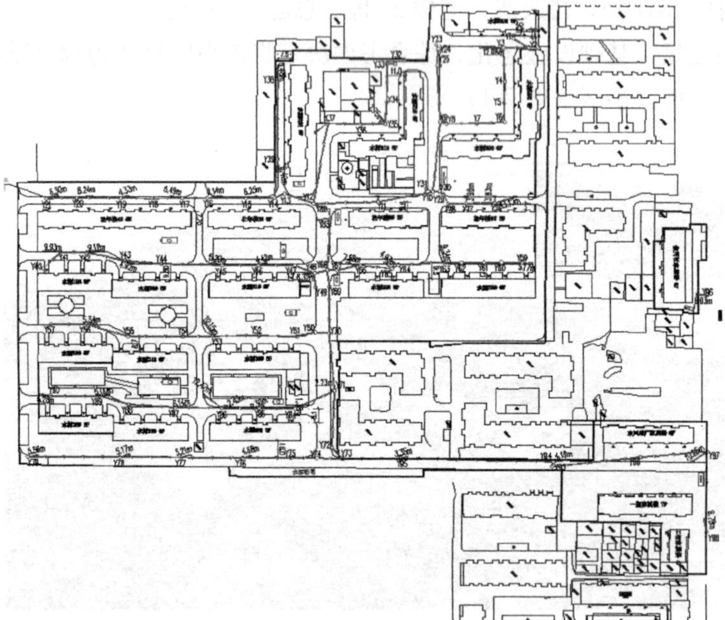

图 7-3　水源小区供暖管线图

2. 健全环卫设施

对原有私建、违建建筑进行拆除；做到垃圾分类、增设垃圾分类回收点，设垃圾桶 18 组。

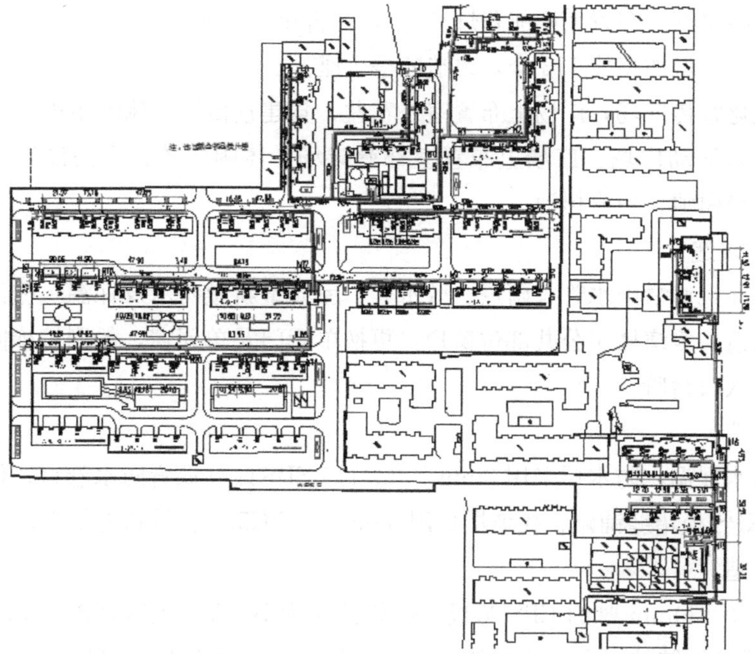

图 7-4 彩图

图 7-4　水源小区雨水管线图

3. 改善小区环境设施（图 7-5）

重新规划停车位，改善原有停车杂乱无章、干扰居民活动的情况。在建筑物两侧布置 3m×6m 车位，与绿化结合设置，共设置停车位 107 个。

(a) 水源小区停车位、休闲场地景观半鸟瞰　　(b) 水源小区运动休闲场地景观半鸟瞰

图 7-5　水源小区半鸟瞰图

车位地面采用彩色混凝土。彩色混凝土做法：路基碾压压实度为 93%以上，150mm 厚粗砂找平后分别做 180mm 厚 5%水泥稳定砂砾下基层和 140mm 厚 5%水泥稳定砂砾上基层，80mm 厚粗粒式沥青混凝土上做 40mm 厚彩色沥青混凝土面层。

修缮道路：路面采用沥青混凝土覆面，面积约 13830m^2。路基碾压压实度为 93%以上，150mm 厚粗砂找平后分别做 180mm 厚 5%水泥稳定砂砾下基层和 140mm 厚 5%水泥稳定砂砾上基层，80mm 厚粗粒式沥青混凝土上做 40mm 厚中粒式沥青混凝土面层。

改造草坪 2721m^2，植树 74 棵。

重新布置照明路灯，布置太阳能路灯60个，完善小区照明系统。

完善休闲设施，增加座椅113个，改造凉亭1座。

设置党建文化宣传广场，广场上布置室外花盆、党建宣传栏、休闲座椅。

设置健身娱乐活动广场，广场上布置室外篮球场、休闲座椅、广播设施、文艺宣传栏、文化墙、可坐树池、仿木树池。

4. 房屋维修改造

建筑单体方面，修缮雨水管、雨篷、散水等。屋面重新做防水及保温，檐沟重新做防水。楼体保温改造。修缮楼宇公共部位窗户，更换单元门及单元窗，粉刷楼梯间墙面。维修楼宇单元门、入口台阶。

（1）屋面改造

重做屋面防水保温，防水层采用3mm+3mm厚SBS改性沥青防水卷材；保温层采用双层80mm厚XPS板错缝铺贴；找坡层采用30mm厚LC5.0轻骨料混凝土。

（2）外墙改造

外墙保温采用120mm厚的EPS苯板，燃烧性能为B1级，表观密度20kg/m^3，采用@330mm塑料锚栓加胶粘固定。外墙外饰面在苯板外设专用胶粘耐碱网格布（两层网格布三遍胶工艺），做5mm厚聚合物防裂砂浆抹面后涂刷外墙涂料两遍。

（3）楼梯间改造

更换楼梯间窗户为内平开单框三玻塑钢窗，楼梯间内墙、顶棚重新粉刷，扶手打磨，刷防腐漆两遍，面漆两遍。

（4）单元入口改造

更换单元门为三防单元门。维修楼宇单元入口台阶、坡道，使其结构稳固安全、外观整洁完整、尺度规范舒适、方便居民使用。考虑北方冬天室外温度较低，入口台阶采用500mm厚中砂垫层，上面做300mm厚5～32mm卵石灌M2.5混合砂浆，结构层采用60mm厚C20混凝土（台阶面向外坡2%），面层采用20mm厚1∶2.5水泥砂浆。

5. 适老无障碍改造

在公共区域设置老年人活动场地，布置健身器材。在党建文化宣传广场及健身娱乐活动广场设置供老年人散步的塑胶地面。场地入口设置坡道、扶手。单元入口空间充足处设坡道及扶手。

6. 完善监控防控措施

对强电、弱电外网铺设进行改造。综合管线预埋总计约5300m长，沿线设置尺寸800mm×800mm×900mm的混凝土手孔井125个；设置太阳能路灯60个；道路监控摄像头52个，数据线和电源线各约2000m；广播外网管线约2000m，设置室外扬声器32个。

楼梯间声光控灯700个，导线和保护管各约2200m；楼梯间通信线槽约8000m，并设置通信箱。

设置车辆道闸、围栏；共设置小区围栏约517m。

7. 完善绿色生态环境保护措施

设置充电桩 15 个，部分场地地面采用透水砖，共约 35007m^2。

8. 小结

水源小区共改造基础类设施 11 项；完善类设施 8 项，提升类 1 项。

7.2　晓云北小区

7.2.1　基本情况

晓云北小区：设计改造用户 577 户，待改造住宅楼 9 栋、总建筑面积约 3.18 万 m^2，建成于 1987 年。

小区用地尚充足，基础设施老化，待改造建筑物相对规整，综合考虑决定将该小区打造为以基础类为主、适当增加完善类设施的旧改小区（图 7-6）。

图 7-6　晓云北小区整体鸟瞰图

7.2.2　改造方案

1. 基础管线

对全小区给水排水、供暖、雨水等管线网络进行改造。改造污水井 91 个，污水管线长度约 1062m；改造雨水井 34 个，雨水口 11 个，雨水管线长度约 780m；给水管网改造长度约 213m；供暖管线改造长度约 3086m。

2. 健全环卫设施

对原有私建违建的建筑进行拆除；做到垃圾分类、增设垃圾分类回收点。设垃圾桶 7 组。

3. 改善小区环境设施（图 7-7）

重新规划停车位，改善原有停车杂乱无章、干扰居民活动的情况。由于小区空旷区域较多，结合小区整体空间，设置小区居中式停车区域。

图 7-7　晓云北小区庭院节点透视图

车位地面采用植草砖或者彩色混凝土。

植草砖车位与车行道之间设置 120mm×250mm×1000mm 机切面芝麻白花岗石平缘石。植草砖地面做法：素土夯实压实度大于 92%，上做 300mm 厚无砂大孔混凝土，30mm 厚 1：1 砂土，80mm 厚嵌草砖孔内填种植土拌草籽。

修缮道路：路面采用沥青混凝土覆面，面积 6712m^2。利用原有路基夯实，150mm 厚粗砂找平后做 300mm 厚水泥稳定砂砾，铺设中粒式沥青混凝土。

重新布置照明路灯，布置太阳能路灯 23 个，完善小区照明系统。

完善休闲设施，增加座椅 17 个。

4. 改造小区基础设施

对强电、弱电外网铺设进行改造。综合管线预埋总计约 1800m，沿线设置尺寸为 600mm×600mm×900mm 的混凝土手孔井 54 个；道路监控摄像头 20 个，数据线和电源线各约 750m；广播外网管线约 1000m，设置室外扬声器 15 个。

楼梯间声光控灯 260 个，导线和保护管各约 800m；楼梯间通信线槽约 2000m，并设置通信箱。

5. 房屋维修改造

建筑单体方面，修缮雨水管、雨篷、散水等。屋面重新做防水及保温，檐沟重新做防水。楼体做保温改造。修缮楼宇公共部位窗户，更换单元门及单元窗，粉刷楼梯间墙面。维修楼宇单元门、入口台阶。

（1）屋面改造

重做屋面防水保温，防水层采用 3mm+3mm 厚 SBC 改性沥青防水卷材；保温层采用双层 60mm 厚 XPS 板错缝铺贴；找坡层采用 30mm 厚炉渣找坡。

（2）外墙改造

外墙保温采用 120mm 厚的 EPS 苯板，燃烧性能为 B1 级，表观密度 20kg/m^3，采用 @330mm 塑料锚栓加胶粘固定。外墙外饰面在苯板外设专用胶粘耐碱网格布（两层网格布三遍胶工艺），做 5mm 厚聚合物防裂砂浆抹面后涂刷外墙涂料两遍。

（3）楼梯间改造

更换楼梯间窗户为内平开单框三玻塑钢窗，楼梯间内墙、顶棚重新粉刷，扶手打磨，刷防腐漆两遍，面漆两遍。

（4）单元入口改造

更换单元门为三防单元门。维修楼宇散水坡，散水坡宽度为 900mm。入口台阶采用 500mm 厚中砂垫层，上面做 300mm 厚 5～32mm 卵石灌 M2.5 混合砂浆，结构层采用 60mm 厚 C15 混凝土（台阶面向外坡 1%），面层采用 20mm 厚 1∶2.5 水泥砂浆。

6. 适老无障碍改造

在公共区域设置老年人活动场地，布置健身器材。在党建文化宣传广场及社区活动广场设置供老年人散步的塑胶地面。场地入口设置坡道、扶手。单元入口空间充足处设坡道及扶手。

7. 完善监控防控措施

设置小区摄像头 20 处。

8. 完善绿色生态环境保护措施

设置充电桩 15 个，部分场地地面采用透水砖，共约 9676m^2。

9. 小结

晓云北小区，共改造基础类设施 11 项；完善类设施 8 项，提升类 1 项。

第8章

提升类改造

8.1 发电北小区

8.1.1 基本情况

发电北小区设计改造用户 2114 户，待改造住宅楼 40 栋，总建筑面积约 19.99 万 m^2，建成于 1994 年。小区内有较大活动场地，小区物业、居民积极配合改造，综合考虑决定将该小区打造为提升类旧改小区（图 8-1～图 8-4）。

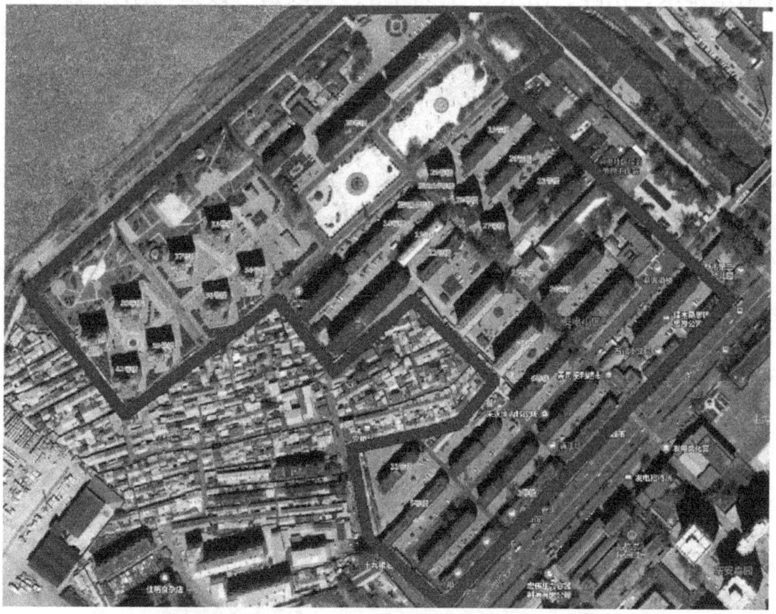

图 8-1 发电北小区卫星图

图 8-2　发电北小区外观现状鸟瞰图

图 8-3　发电北小区户外现状一

图 8-4　发电北小区户外现状二

8.1.2　改造方案

1. 基础管线

对全小区给水排水、供暖、雨水等管线网络进行改造。改造污水井 427 个，污水管线长度约 116m；改造雨水井 150 个，雨水口 119 个，雨水管线长度约 116m。改造供暖管线长度约 600m。

对强电、弱电外网铺设进行改造。有线电视和综合管线预埋总计约 12600m 长，沿线设置尺寸为 600mm×600mm×900mm 的混凝土手孔井 196 个；广播外网管线约 5000m，设置室外扬声器 90 个，图 8-5 为综合管网改造图（局部）。

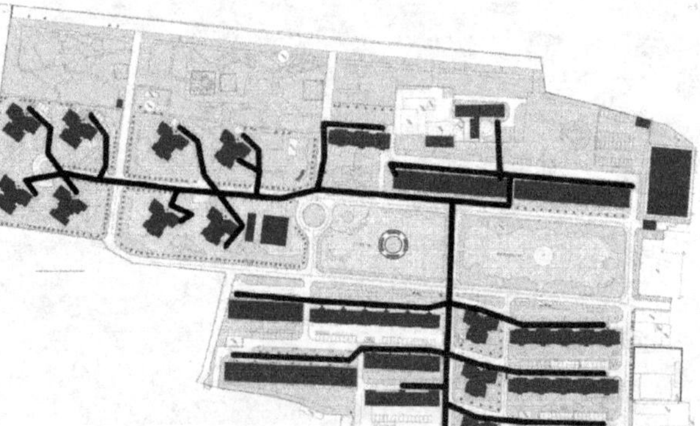

图 8-5　发电北小区综合管网改造图（局部）

2. 道路停车

（1）路面改造

原有小区路面及路基情况比较好，本次改造在原有路面上进行混凝土罩面。

（2）无障碍通行

在小区公共场地入口、住宅单元入口处设置坡道、扶手共 67 处。满足行动不便人士和老年人的使用要求（图 8-6）。

图 8-6　无障碍改造前后对比示意图

3. 公共设施

增设便民服务设施是该小区改造的最大亮点。为丰富居民生活，改造中结合小区原有场地，增设儿童活动场地，把原有广场改造成党建文化广场、涂鸦广场和风雨球场。

（1）文化宣传设施：把小区原有广场西侧改造成党建文化宣传广场。广场上设置文化宣传栏 8 个，党建文化宣传广场不仅可以弘扬党建文化、小区文化，还可以宣传禁毒知识，帮助小区居民树立正确价值观，也可以宣传防疫知识。党建文化宣传广场是小区居民的户外活动、精神文明建设的有效载体（图 8-7）。

（2）儿童活动广场：利用小区广场西北角空地增设儿童活动广场，为保护儿童安全将灌木改为草坪，并设置塑胶活动场地，同时场地周围设置安全的铁艺围挡（防止猫狗进入）。活动设施方面，在场地中间布置儿童娱乐沙坑、儿童滑梯，滑梯端部布置缓冲沙坑（图 8-8）。

(a)

(b)

图 8-7　发电北小区党建文化宣传广场改造前（a）后（b）对比

(a)

(b)

图 8-8　发电北小区儿童活动广场改造前（a）后（b）对比

（3）涂鸦广场：原有广场东侧广场砖部分破损，采取仅对破损处更换的节约原则，更换之后改建成涂鸦广场，满足多年龄层次娱乐需求，丰富居民生活（图 8-9）。

(a)

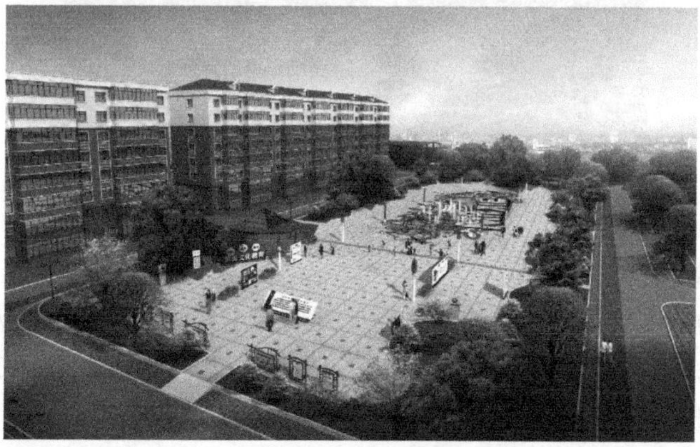

(b)

图 8-9　发电北小区涂鸦广场改造前（a）后（b）对比

（4）风雨球场：将小区东北角原有露天篮球场改造成带顶棚的风雨球场，方便居民使用的同时，也可以利用整体发包方式为小区营利（图 8-10）。

(a) (b)

图 8-10　发电北小区风雨球场改造前（a）后（b）对比

（5）便民超市：将小区西部原有车棚设施改造成便民超市，方便居民日常生活，增加小区收入来源（图 8-11）。

(a)

(b)

图 8-11　发电北小区便民超市改造前（a）后（b）对比

4. 建筑外观改造

小区内建筑物为多层住宅建筑，建筑物无外墙保温系统，平屋面防水破损严重，坡屋面彩钢板漏缝、锈点较多，混凝土挑檐破损严重；雨水管残破缺失；单元门破损；单元窗为钢窗，均已破损，无楼梯散水坡，单元入口砂浆面层损坏严重。

（1）屋顶改造

重做屋面防水保温，20mm 厚 1∶3 水泥砂浆保护层，10mm 厚 M5 砂浆隔离层，3mm＋3mm 厚耐低温 SBS 改性沥青卷材防水层，20mm 厚 1∶3 水泥砂浆找平层，30mm 厚炉渣内掺 5％水泥 2％找坡层，双层 60mm 厚 XPS 板错缝铺贴保温层，女儿墙侧 500mm 宽双层 60mm 厚改性酚醛板错缝铺贴防火隔离带，400g/m^2 SBC120 防水卷材隔气层。

（2）外墙改造

外墙做法：高级外墙真石漆两遍—5mm 厚刮腻子找平—10mm 厚聚合物防裂砂浆—专用胶粘耐碱网格布（两层网格布三遍胶工艺）—120mm 厚 EPS 保温板保温层（背面为胶粘剂）—抗碱封闭底漆一遍—原墙面（图 8-12）。

图 8-12　发电北小区建筑外观改造后

5. 其他改造

（1）生态环境

垃圾收集：做到垃圾分类、增设垃圾分类回收点三处。垃圾桶配置 40 组，每组四个，每栋楼配置一组（图 8-13）。

(a)

(b)

图 8-13　发电北小区垃圾分类改造前（b）后（a）对比

充电桩：共设置 600 个充电桩，分六处放置，分布位置如图 8-14 所示。

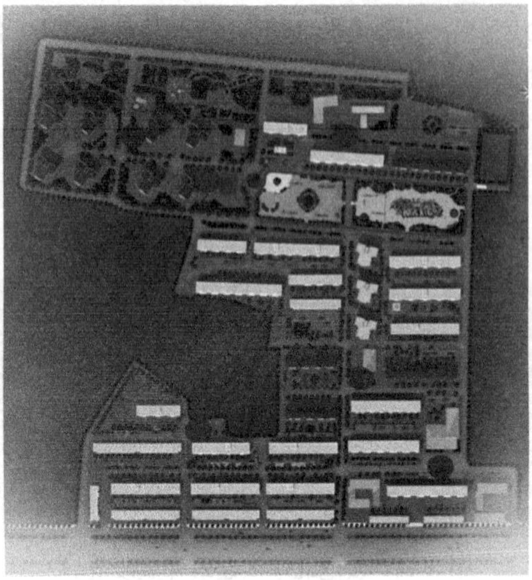

图 8-14　发电北小区充电桩分布

（2）智能安防

设置道闸、围栏：共设置小区围栏约 1612m，门卫室 1 个，道闸 1 处。增设道路监控摄像头 123 个（图 8-15）。

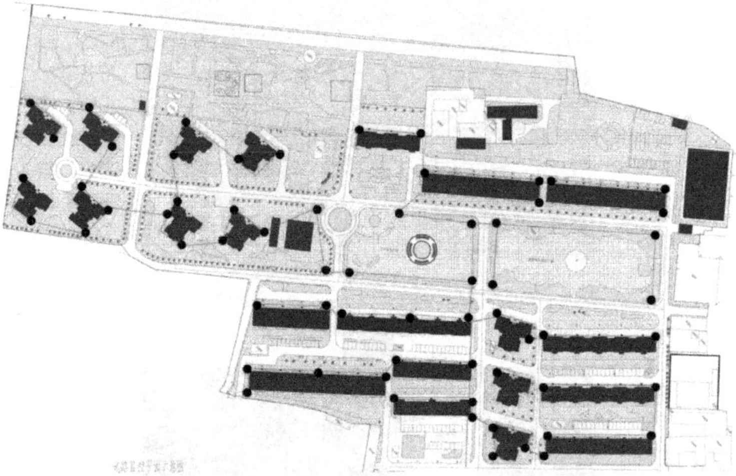

图 8-15　发电北小区改造后摄像头分布图（局部）

（3）景观绿化

优化原有小区景观，本次改造增植乔木、灌木。所选用的均为健康、新鲜、无病虫害、无缺乏矿物质症状，生长旺盛不老化，树皮无人为损伤或虫眼的植物。所有苗木的树冠应生长茂盛、分枝均衡、整冠饱满，能充分体现自然美，并应对乔木运输进行要求。

8.2 东方花园小区

8.2.1 基本情况

东方花园小区设计改造用户 2284 户，待改造住宅楼 27 栋，总建筑面积约 15.466 万 m^2，建成于 1984 年。综合考虑决定将该小区打造为提升类旧改小区（图 8-16、图 8-17）。

图 8-16 东方花园小区整体鸟瞰图

图 8-17 东方花园小区改造后整体鸟瞰图

8.2.2 改造方案

1. 基础管线

对全小区给水排水、供暖、雨水等管线网络进行改造。改造污水井 358 个，污水管线长度约 4419m；改造雨水井 99 个，雨水口 45 个，雨水管线长度约 1997m；给水管网改造长度约 2908m；改造供暖管线长度约 6593m。

2. 改造内容

（1）健全环卫设施

对原有私建、违建建筑进行拆除；做到垃圾分类，增设垃圾分类回收点。设垃圾桶20组，共80个。

（2）改善小区环境设施

优化原有小区景观，改造草坪约3044m²。原有场地空旷处，夏季日晒严重，本次改造增植树木，改善局部小气候，共植树61棵。

完善休闲设施，增加座椅82个，新建凉亭1座。

完善小区照明系统，重新布置照明路灯，布置太阳能路灯180个。

（3）改造小区基础设施

对强电、弱电外网铺设进行改造。有线电视和综合管线预埋长度总计约8000m，沿线设置尺寸为600mm×600mm×900mm的混凝土手孔井174个；道路监控摄像头80个，数据线和电源线各约3000m；广播外网管线约2000m，设置室外扬声器35个。

楼梯间声光控灯1065个，导线和保护管各约3200m；楼梯间通信线槽约1500m，并设置通信箱。

（4）房屋维修改造

建筑单体方面，修缮雨水管、雨篷、散水等建筑构配件。屋面重新做防水及保温，檐沟重新做防水。楼体保温改造。修缮楼宇公共部位窗户，更换单元门及单元窗，粉刷楼梯间墙面。维修楼宇单元门、入口台阶。

① 屋面改造

20mm厚1∶3水泥砂浆，设表面分格缝，分格面积为1m²—(上人屋面：40mm厚C20细石混凝土，内配ϕ6钢筋，双向）中距150mm，钢筋网片绑扎或点焊—0.4mm厚聚乙烯膜隔离层—1.2mm厚非固化橡胶沥青防水涂料，墙根上翻300mm—防水层3mm+3mm SBS改性沥青防水卷材通至压顶顶部外侧—20mm厚1∶3水泥砂浆找平层—最薄处30mm厚LC7.5轻骨料混凝土2%找坡层—保温层120mm厚挤塑苯板（2×60mm厚错缝铺贴)—隔气层采用SBC120防水卷材一道，3mm厚1∶3厚水泥胶粘结层，通至压顶底—20mm厚1∶2.5水泥砂浆找平—原有屋面板。

② 外墙改造

外墙防水涂料两遍—封闭底漆一道—刮柔性耐水腻子磨平—6mm厚抹面胶浆复合耐碱玻纤网格布—120mm厚苯板胶浆粘贴，面积不小于40%—刷水泥胶浆界面剂—现状外墙铲除涂料饰面空鼓抹面修补平整。

③ 楼梯间改造

更换楼梯间窗户为内平开单框三玻塑钢窗，楼梯间内墙、顶棚重新粉刷，扶手打磨，刷防腐漆两遍，面漆两遍。整理弱电管线并设置线盒，梳理供暖及给水管线。

（5）适老无障碍改造

在公共区域设置老年人活动场地，布置健身器材。在党建文化宣传广场及社区活动广场设置供老年人散步的塑胶地面。场地入口设置坡道、扶手。单元入口空间充足处设坡道及扶手（图8-18）。

图8-18 适老无障碍改造

（6）完善监控防控措施（图8-19）

根据小区实际，在小区主要出入口设置大门，共改造围栏约375m，设置小区门卫值班室1处，安装车辆道闸1处。完善小区监控系统，设置小区摄像头80处，维修或安装楼宇单元防盗门，增加居民安全感。

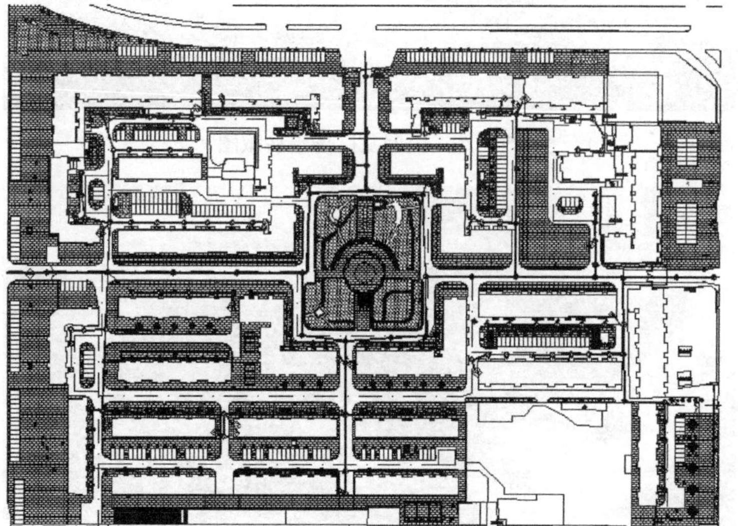

图8-19 监控防控布置图

（7）完善绿色生态环境保护措施

设置电瓶车充电桩22个，并设置车棚。建设海绵社区，场地、停车位等地面采用青灰色透水砖为主，辅以黄红两色透水砖，共约35794m²。

① 党建文化宣传广场及社区活动广场：设六排30m红蓝相间塑胶跑道，跑道西侧设三排混凝土看台，跑道东侧设党建宣传讲台，讲台上设合唱台阶，讲台后设成品钢架支幕

布。跑道侧阳光较好，方便老年人散步。

② 健身活动场地：选取小区深处安静场地设两排健身器材，东西两侧设休闲座椅加花箱。

③ 党建文化宣传广场及中心公园：广场中心做黄红两色透水砖图案，设计意向为太阳，辐射小区三侧主路，其均为黄色步行道，公园部分加设芝麻灰花岗石步行环道，给予居民更好的散步空间（图 8-20、图 8-21）。广场内休闲廊架和休闲亭换新，大型树木修剪枝杈。公园设置两个无障碍坡道。

图 8-20　公园及广场半鸟瞰图

图 8-21　东方花园小区改造方案效果图

参考文献

[1] 中国共产党中央委员会. 中共中央关于制定国民经济和社会发展第十四个五年规划和二〇三五年远景目标的建议 [EB/OL]. (2020-11-03). https://www.gov.cn/zhengce/2020-11/03/content_5556991.htm.

[2] 刘江，付易东，石胜涛. "旧改"背景下城市老旧社区社会治理创新探索：以广州X街为例 [J]. 华南理工大学学报（社会科学版），2021，23（1）：84-92.

[3] 杜坤，田莉. 基于全球城市视角的城市更新与复兴：来自伦敦的启示 [J]. 国际城市规划，2015，30（4）：41-45.

[4] 国务院办公厅. 国务院办公厅关于全面推进城镇老旧小区改造工作的指导意见：国办发〔2020〕23号 [EB/OL]. (2020-07-20). https://www.gov.cn/zhengce/content/2020-07/20/content_5528320.htm.

[5] 黑龙江省人民政府办公厅. 黑龙江省人民政府办公厅关于推进全省城镇老旧小区改造的指导意见：黑政办规〔2018〕37号 [EB/OL]. (2018-06-28). https://www.hlj.gov.cn/hlj/c108373/201806/c00_31182797.shtml.

[6] 中共中央办公厅，国务院办公厅. 中共中央　国务院关于加强和完善城乡社区治理的意见 [EB/OL]. (2017-06-12). https://www.gov.cn/zhengce/2017-06/12/content_5201910.htm.

[7] 中华人民共和国住房和城乡建设部. 住房和城乡建设部关于在城乡人居环境建设和整治中开展美好环境与幸福生活共同缔造活动的指导意见：建村〔2019〕19号 [EB/OL]. (2019-2-22). https://www.gov.cn/zhengce/zhengceku/2019-09/29/content_5434580.htm.

[8] 张国宗，罗千买，孙原. 老旧小区有机更新集成体系与宜居性评价研究 [J]. 项目管理技术，2020，209（11）：29-34.

[9] 李峻峰，万燕. 基于环境适宜性评价的老旧小区改造设计对策：以合肥市瑶海区为例 [J]. 合肥工业大学学报（社会科学版），2016（4）：111-116.

[10] 张建，李海乐. 多元视角导向下北京老旧小区宜居性评价研究 [C]//面向高质量发展的空间治理：2021中国城市规划年会论文集（城市更新）. 2021：133-140.

[11] 胡金荣，马彦鹏，黄琬舒. "旧改"背景下老旧小区适老化改造效果评估及对策研究：以西安市为例 [J]. 老龄科学研究，2021，9（7）：27-40.

[12] 宣晓彤. 沈阳市老旧社区公共空间适老化评价与优化研究 [D]. 沈阳：沈阳农业大学，2020.

[13] 胡琦艳，周云. 基于层次分析评价法的老旧小区宜居性研究：以苏州市为例 [J]. 价值工程，2019，38（28）：7-9.

[14] 彭忠益，王艳. 城市老旧居住小区交通环境评价指标与评价方法 [J]. 运筹与管理，2020，29（7）：29-34.

［15］王继辉．大连市既有住区建筑多品质目标综合更新评价指标体系研究［D］．大连：大连理工大学，2021.

［16］耿茜．广州市越秀区老旧小区微改造项目绩效审计评价研究［D］．兰州：兰州大学，2021.

［17］肖屹，陈思怡，孔俊，等．老旧小区整治改造绩效评价体系构建及应用［J］．建筑经济，2020，41（8）：21-25.

［18］徐莎莎．老旧小区改造项目绩效评价体系的研究［D］．杭州：浙江大学，2016.

［19］刘垚，周可斌，陈晓雨．广州老旧小区微改造实施评估及延伸思考：实践，成效与困境［J］．城市发展研究，2020，231（10）：122-130.

［20］李德智，朱嘉薇，朱诗尧．基于PCA-DEA的城市老旧小区精细化治理绩效评价研究［J］．现代城市研究，2020（7）：111-116.

［21］李玲燕．基于AHM：可拓评价模型的老旧小区绿色改造综合效益评价研究［J］．生态经济，2021，37（3）：95-100.

［22］张雪雪．基于贝叶斯网络的城市老旧小区改造项目前期决策风险评估研究［D］．烟台：山东工商学院，2021.

［23］张晓东，胡俊成，杨青，等．基于AHM模糊综合评价法的老旧小区更新评价系统［J］．城市发展研究，2017，24（12）：20-22.

［24］赵鹏．长春市老旧小区改造项目后评价［D］．长春：吉林大学，2018.

［25］BURCHELL R，LISTOKIN D. The fiscal impact handbook，center for urban policy research［R］. New Brunswick，NJ：Rutgers University，1982.

［26］LEVIN H M，MCEWAN P J. Cost-effectiveness analysis：methods and applications［M］. Thousand Oaks：CRC Press，2000.

［27］HILL M. A goals-achievement matrix for evaluating alternative plans［J］. Journal of the American institute of planners，1968，34（1）：19-28.

［28］SAATY T L. The analytic hierarchy process［M］. New York：McGrawHill. 1980.

［29］LICHFILED N. Economics of urban conservation［M］. Cambridge：Cambridge U. P，1989.

［30］FINSTERBUSCH K. State of the art in social impact assessment［J］. Environment & behavior，1985，17（2）：193-221.

［31］HUMPHREY A. SWOT analysis for management consulting［J］. SRI alumni newsletter. SRI international，United States，2005.

［32］BOTTERO M，Bragaglia F，Caruso N，et al. Experimenting community impact evaluation（CIE）for assessing urban regeneration programmes：the case study of the area 22@ Barcelona［J］. Cities，2020，99：102464.

［33］ADEL A，MOHANMMAD A. Hassanain. Estimating facilities maintenance cost using post-occupancy evaluation and fuzzy set theory［J］. Journal of quality in maintenance engineering，2018，24（6）：19.

［34］ZACK ALTIZER，WILLIAM J CANAR，DAVE REDEMSKE，etc. Utilization of a standardized post-occupancy evaluation to assess the guiding principles of a major academic medical center［J］. Herd-Health environments research&design journal，2019（12）：168-178.

［35］ISAAC A MEIR，MOSHE SCHWARTZ，YOSEFA DAVARA，etc. A window of one's own：a public office post-occupancy evaluation［J］. Building research and information，2019（47）：437-

452.

[36] Lami I M, Beccuti B. Evaluation of a project for the radical transformation of the Port of Genoa-Italy [J]. Management of environmental quality: an international journal, 2010, 21 (1): 58-77.

[37] Lichfield N. Community impact evaluation [M]. London: Routledge, 1996.

[38] Coscia C, Filippi F D. L'uso di piattaforme digitali collaborativenella prospettiva di un'amministrazione condivisa. Il progetto Miramap a Torino (ITA version). The use of collaborative digital platforms in the perspective of shared administration. The MiraMap project in Turin [EB/OL]. http://hdl.handle.net/11583/2646749.

[39] Spina L D, Ventura C, Viglianisi A. A multicriteria assess-ment model for selecting strategic projects in urban areas [C] //International Conference on Computational Science & Its Appli-cations. Springer International Publishing. 2016.

[40] Cerreta M, Da L Da Nise G. Community branding (Co-Bra): A collaborative decision making process for urban regeneration [C] // International Conference on Computational Science and Its Applications. 2017.

[41] Elvira N, Maria P. Strategic vision of a euro-mediterranean port city: A case study of Palermo [J]. Sustainability, 2013, 5 (9): 3941-3959.

[42] 中华人民共和国住房和城乡建设部. 住房和城乡建设部等部门关于开展城市居住社区建设补短板行动的意见：建科规〔2020〕7号 [EB/OL]. (2020-08-18). https://www.mohurd.gov.cn/gongkai/fdzdg-knr/tzgg/202008/20200826_246923.html.

[43] 中华人民共和国住房和城乡建设部. 住房和城乡建设部等部门关于印发绿色社区创建行动方案的通知：建城〔2020〕68号 [EB/OL]. (2020-07-22). https://www.gov.cn/zhengce/zhengceku/2020-08/01/content_5531812.htm.

[44] 丁玉兰，程国萍. 人因工程学 [M]. 北京：北京理工大学出版社，2013.

[45] 付佳，赵峰. 应用型人才培养目标在环境心理学课程中的实践研究 [J]. 教育教学论坛，2019 (45)：80-81.

[46] 王隽. 高职院校环境行为心理学课程整合教学模式探究：以厦门演艺职业学院为例 [J]. 现代职业教育，2018 (17)：126.

[47] 刘薇. 艺术教育中环境心理学课程教学内容探索 [J]. 中国冶金教育，2015 (04)：37-38.

[48] 王琰，黄磊. 应用导向下的案例式教学在环境行为学课程中的实践 [J]. 华中建筑，2013，31 (3)：174-177.

[49] 周峰. 环境行为学在建筑设计课程教学中的应用研究 [J]. 中国校外教育，2017 (06)：90-92.

[50] 冯冠青，耿美云，王崑. 风景园林视角下环境行为学教学研究 [J]. 黑龙江生态工程职业学院学报，2015，28 (2)：85-88.

[51] 许芗斌，夏义民，杜春兰. “环境行为学”课程实践环节教学研究 [J]. 室内设计，2012，27 (4)：18-22.

[52] 胡扬. 建筑学专业环境行为学结合VR技术的教学思考 [J]. 建筑与文化，2021 (9)：33-34.

[53] 刘博，任剑超. 浅谈VR技术在动漫专业实践教学中的应用研究 [J]. 艺术与设计（理论），2021，2 (5)：142-143.

[54] Azimkulov A. VR技术的虚拟教学应用研究 [D]. 上海：东华大学，2017.

[55] Umemura H, Watanabe H. Investigation of path-selection strategy using immersive virtual reality

System [J]. TVRSJ，2007，12 (4)：559-566.
[56] Shatu F，Yigitcanlar T. Development and validity of a virtual street walkability auditTool for pedestrian route choice analysis：SWATCH [J]. Journal of transport Geography，2018 (70)：148-160.
[57] 朱晓玥，金凯，余洋. 基于实景图片的恢复性环境空间类型及特征研究 [J]. 西部人居环境学刊，2020，35 (4)：25-33.
[58] 刘凌汉. 基于生理、心理恢复的城市公共绿地恢复性效应研究 [D]. 沈阳：沈阳建筑大学，2020.
[59] 朱玉洁，董嘉莹，翁羽西，等. 基于眼动追踪技术的森林公园环境视听交互评价 [J]. 中国园林，2021，37 (11)：69-74.
[60] Franěk M，Šefara D，Petružálek J，etal. Differences in eye movements while viewing images with various levels of restorativeness [J]. Journal of environmental psychology，2018，57：10-16.
[61] Mavros P，Austwick M Z，Smith A H. Geo-EEG：towards the use of EEG in the study of urban behaviour. appl [J]. Spatial Analysis，2016，9：191-212.
[62] 中华人民共和国住房和城乡建设部，中华人民共和国国家发展和改革委员会，中华人民共和国财政部. 关于做好 2019 年老旧小区改造工作的通知：建办城函〔2019〕243 号 [EB/OL]. (2019-7-1). https://www. scio. gov. cn/ztk/38650/40922/index. htm.
[63] 国务院办公厅. 关于全面推进城镇老旧小区改造工作的指导意见：国办发〔2020〕23 号 [EB/OL]. (2020-7-20). https://www. gov. cn/zhengce/zhengceku/2020-07/20/content_5528320. htm.
[64] 李杰，陈超美. 可视化文献分析软件 科技文本挖掘及可视化 [M]. 北京：首都经济贸易大学出版社，2016.
[65] 张欢. 街区制背景下老旧小区改造为美丽街区的规划研究：以邯郸市老旧小区改造为例 [J]. 工程科技Ⅱ辑，2019 (1).
[66] 张裕. 基于符号互动论的亲子户外空间景观设计研究 [D]. 南京：东南大学，2017.
[67] 乔治・H・米德. 心灵、自我与社会 [M]. 赵月瑟，译. 上海：上海译文出版社，2008.
[68] 斯文・埃里克・拉森，约尔根・迪耐斯・约翰森. 应用符号学 [M]. 魏全凤，刘楠，朱围丽，译. 成都：四川大学出版社，2018.
[69] 白丽君. 城市微更新中公共艺术的介入研究 [D]. 南京：南京林业大学，2020.
[70] 石宇琳，曹磊. 以艺术为导向的城市更新策略研究：以芝加哥千禧公园为例 [J]. 美术教育研究，2020 (23)：2.
[71] 胡垚，刘勇. 上海社区公共艺术发展历程 [J]. 公共艺术，2017 (3)：6.
[72] 何洋，刘洁岭. 城市更新背景下智慧公共艺术发展趋势研究 [J]. 绿色科技，2020，(09)：81-82.
[73] 许丽君. 老有所"椅"：自发性座椅诱发下老旧小区公共空间适老化改造对策研究 [C] //中国城市规划学会. 活力城乡美好人居：2019 中国城市规划年会论文集：20 住房与社区规划. 北京：中国建筑工业出版社，2019.
[74] 赵之枫，巩冉冉. 老旧小区室外公共空间适老化改造研究：以北京松榆里社区为例 [C] //中国城市规划学会. 规划 60 年：成就与挑战：2016 中国城市规划年会论文集：06 城市设计与详细规划. 北京：中国建筑工业出版社，2016.
[75] 王博嫔，徐皓. 老旧社区邻里交往空间的适老化改造研究 [J]. 城市建筑，2019，16 (24)：15-16.
[76] 吴兵涛. 基于 Kano-IPA 整合模型的客运站服务评价研究 [D]. 西安：长安大学，2015.
[77] 吕飞，丁美煜，孙平军. 基于居民满意度的城市老旧住宅小区综合整治优先级研究：以哈尔滨市小康住宅示范小区为例 [J]. 地域研究与开发，2019，38 (4)：6.

图片来源：

图 2-5：http://img03. sogoucdn. com/app/a/100520146/e09b3f9650fc8f3a66a8a75afe6121f9

图 2-8：

https://img01. sogoucdn. com/net/a/04/link? appid = 100520145&url = http% 3A% 2F% 2Fimg01. sogoucdn. com%2Fapp%2Fa%2F100520146%2Fee441fd153d4891555240f5c0d6728a7

图 3-15：

https://img01. sogoucdn. com/net/a/04/link? appid = 100520145&url = http% 3A% 2F% 2Fimg01. sogoucdn. com%2Fapp%2Fa%2F100520146%2Fee441fd153d4891555240f5c0d6728a7

图 3-17：

https://img1. baidu. com/it/u = 138316817, 2347931000&fm = 253&fmt = auto&app = 138&f = JPEG? w=500&h=667

图 3-18：

https://img1. baidu. com/it/u = 483232337, 3003850591&fm = 253&fmt = auto&app = 138&f = JPEG? w=500&h=666

图 3-19：

https://gimg2. baidu. com/image_search/src = http% 3A% 2F% 2Fsafe-img. xhscdn. com% 2Fbwl% 2F3e3d923b-c991-4607-86e1-9117cfdba7cb% 3FimageView2% 2F2% 2Fw% 2F1080% 2Fformat% 2Fjpg&refer=http% 3A% 2F% 2Fsafe-img. xhscdn. com&app = 2002&size = f9999, 10000&q = a80&n = 0&g=0n&fmt=auto? sec=1701920132&t=142663814b1b38b15114d91533ddb401

图 3-20：

https://img0. baidu. com/it/u = 3642802918, 3741669807&fm = 253&fmt = auto&app = 138&f = JPEG? w=499&h=333

图 3-21：

https://gimg2. baidu. com/image_search/src = http% 3A% 2F% 2Fsafe-img. xhscdn. com% 2Fbwl% 2F00f52dd9-e261-4f5d-9671-b6f19c652fd2%3FimageView2%2F2%2Fw%2F1080%2Fformat%2Fjpg&refer = http%3A%2F%2Fsafe-img. xhscdn. com&app=2002&size=f9999, 10000&q=a80&n=0&g=0n&fmt=auto? sec=1701920233&t=857a0da2f80f3e1e55937181cc2d6854

图 3-22：

https://gimg2. baidu. com/image_search/src = http% 3A% 2F% 2Fsafe-img. xhscdn. com% 2Fbwl% 2Fb22e2633-f9b1-4f11-9e31-d4052090b10e% 3FimageView2% 2F2% 2Fw% 2F1080% 2Fformat% 2Fjpg&refer=http% 3A% 2F% 2Fsafe-img. xhscdn. com&app = 2002&size = f9999, 10000&q = a80&n = 0&g=0n&fmt=auto? sec=1701920266&t=39892547cee4c02f55e13d0576361f2e

图 3-23：

https://img0. baidu. com/it/u = 3311642578, 2090062742&fm = 253&fmt = auto&app = 138&f = JPEG? w=747&h=500

图 3-54：

https://img2. baidu. com/it/u=641890718, 1749814134&fm=253&fmt=auto&app=138&f=JPEG?w=500&h=745

图 3-57：

https://img0. baidu. com/it/u=1294458185, 1550719003&fm=253&fmt=auto? w=1200&h=797

图 3-60：

https://img0. baidu. com/it/u=2990367466，2010544826&fm=253&fmt=auto&app=138&f=JPEG?w=756&h=500

图 5-4：

https://nimg. ws. 126. net/? url = http% 3A% 2F% 2Fdingyue. ws. 126. net% 2F2022% 2F0804% 2F3d5a0cb4j00rg2o9g00pdd200u00190g00u00190. jpg&thumbnail=660x2147483647&quality=80&type=jpg

图 5-5：

https://gimg2. baidu. com/image_search/src=http%3A%2F%2Fcbu01. alicdn. com%2Fimg%2Fibank%2F2017%2F077%2F843%2F3938348770 _ 253671392. jpg&refer = http% 3A% 2F% 2Fcbu01. alicdn. com&app= 2002&size = f9999，10000&q = a80&n = 0&g = 0n&fmt = auto? sec = 1706697096&t = 15d3bd874404de6193aa82f17bcb0a44

图 5-22：

https://www. zxhwzm. com/uploadfiles/pictures/project/khal/20160504104009_0465. jpg

后 记

老旧小区户外空间改造是“十四五”期间城市规划的重要内容，老旧小区户外空间改造关系着居民健康福祉实现和城市有机更新进行。《老旧小区户外空间改造》一书分为三篇：理论篇、技术篇、实践篇，汇集了该领域在老旧小区空间改造理论研究与设计、改造政策解读与导控、改造实践案例介绍与分析等方面的研究成果与实践经验，由多位专家学者和技术人员历经三年时间合力完成。

李若冰负责全面内容和总体规划；张翠娜负责撰写提纲和理论研究；夏赟、石开明、阴雨夫、常志玉负责全面审核和实践部分，张君怡负责全书整理。各章负责人及参与撰写人员详细如下：

第一篇　理论篇（张翠娜、张君怡、王迪）。

第 1 章　老旧小区改造研究的新进展：张翠娜、王迪。

第 2 章　老旧小区户外空间与户外活动：张翠娜、张君怡。

第 3 章　老旧小区户外空间改造策略：张翠娜、张君怡、王迪、赵淑乐。

第二篇　技术篇（李若冰、石开明）。

第 4 章　老旧小区改造指导思想：李若冰、石开明、盛科研、周坤。

第 5 章　老旧小区改造设计导则：石开明、李若冰、阴雨夫、周坤、盛科研、路琦、张建国、常志玉。

第三篇　实践篇（于明、李赫、阴雨夫）。

第 6 章　基础类改造：李若冰、于明、李赫。

第 7 章　完善类改造：于明、李赫、夏赟。

第 8 章　提升类改造：李赫、于明、阴雨夫、常志玉。

本书为住房和城乡建设部软科学研究项目“寒地老旧小区适老化户外健康运动空间改造设计研究（2019R019）”、广东省本科高校教学质量与教学改革工程建设项目“基于人因技术的居住区环境行为分析实践教学研究（粤教高函〔2023〕4 号）”、汕头大学科研启动基金资助项目（NTF22015）、黑龙江省艺术科学规划课题“城市更新背景下老旧小区公共艺术空间再设计研究（2021B077）”的研究内容，在成稿中得到了黑龙江省寒地建筑科学研究院、汕头大学、哈尔滨学院等多家单位的参与和帮助，在此深表感谢。

由于时间仓促，本书难免存在疏漏之处，在此请广大读者见谅。

后 记

[illegible]